Literatura ecológica contemporánea en español escrita por mujeres, una visión panorámica

Hybris: Literatura y Cultura Latinoamericanas

Vol. 10

Juana María González García

Literatura ecológica contemporánea en español escrita por mujeres, una visión panorámica

Bruxelles - Berlin - Chennai - Lausanne - New York - Oxford

Todos los derechos reservados. Esta publicación no puede ser reproducida, ni en todo ni en parte, ni registrada en o transmitida por un sistema de recurperación de information, en ninguna forma ni por ningún medio, sea mecánico, fotoquímico, electrónico, magnético, electróoptico, por fotocopia, o cualquier otro, sin el permiso previo por escrito de la editorial.

Ilustración de portada: www.pexels.com

Recientemente ha publicado en colaboración con Yannelys Aparicio los libros "Mujer literatura y otras artes para el siglo XXI en el mundo hispánico" y "Modelos femeninos en la literatura y el cine del mundo hispánico"

© 2024 PETER LANG GROUP AG, LAUSANNE

Publicado por Peter Lang Publication Européennes Internationales - P.I.E.

SA - Bruxelles, Belgique

info@peterlang.com http://www.peterlang.com/

ISSN 2736-5298
ISBN 978-3-0343-5075-4
ePDF 978-3-0343-5076-1
ePUB 978-3-0343-5077-8
DOI 10.3726/b22054
D/2024/5678/25

Information bibliographique publiée par « Die Deutsche Bibliothek »

« Die Deutsche Bibliothek » répertorie cette publication dans la « Deutsche Nationalbibliografie » ; les données bibliographiques détaillées sont disponibles sur le site <http://dnb.ddb.de>.

Índice

Introducción 9

Capítulo 1 Humanidades ambientales, Ecocrítica y Ecofeminismo: claves para entender las relaciones entre literatura y ecología en el siglo XXI 13

Capítulo 2 Ecocrítica, Ecoficción y Neorruralismo en la literatura contemporánea escrita por mujeres en lengua española 25

Capítulo 3 Feminismo, cultura y Neorruralismo: la poesía y ensayos de María Sánchez 37

Capítulo 4 Introducción a la poesía ecológica a través de la obra de Esthela Calderón, Sara Herrera Peralta y Erika Martínez 55

Capítulo 5 Una mirada crítica al Neorruralismo: *Feria* de Ana Iris Simón, *La forastera* de Olga Merino y *Un amor* de Sara Mesa 65

Capítulo 6 Lo fantástico en la Ecoficción y la literatura rural: *Por si se va la luz* de Lara Moreno y *Canto yo y la montaña baila* de Irene Solá 77

Capítulo 7 El apocalipsis climático en el contexto de la narrativa distópica del siglo XXI: *Mugre rosa* de Fernanda Trías 93

Consideraciones finales 105

Bibliografía 109

Introducción

La literatura ha mostrado siempre una especial sensibilidad a la relación de los seres humanos con la naturaleza (Adamson, 2018, 21), siendo esta una característica que se acentúa en la literatura contemporánea. Así, en el contexto actual de crisis climática y energética y de una mayor concienciación social, se han multiplicado las obras literarias que tratan la crisis ecológica desde distintas perspectivas.

En el caso concreto de la literatura escrita en español, el tema rural y la tensión entre la posesión y la desposesión de la tierra ha sido un tema recurrente desde muchos años atrás que vuelve a recuperarse en nuestros días a consecuencia de la globalización, la homogeneización cultural y la saturación de la vida urbana (Gómez, 2022; Mora, 2018). También la preocupación medioambiental empieza a tener un mayor protagonismo en los diversos géneros literarios, así como los temas relacionados con el cambio climático y la destrucción del medio natural (Esteban, 2023; Echauri, 2021; Arellano, 2021).

La perspectiva femenina sobre todas estas temáticas resulta además especialmente interesante, ya que históricamente la voz de la mujer apenas ha sido tenida en cuenta en lo referido a los grandes temas que atañen a la humanidad. Como afirma Cano (2023):

> Las mujeres sin duda han experimentado las crisis históricas y sociales, han sido víctimas de las injusticias y observado con horror toda clase de atrocidades al igual que los hombres, pero a diferencia de estos, no han tenido la oportunidad de […] reaccionar o expresar de forma pública sus emociones frente a las grandes crisis históricas, y si bien en la actualidad las mujeres podemos hacer todo esto, aún no tenemos una nutrida tradición de discursos e imágenes de mujeres que definan un corpus en código femenino (154).

En este contexto, la literatura de Ecoficción (Dwyer, 2010) -Econarrativa y Ecopoesía- y la literatura Neorrural (Gómez, 2022; Berbel, 2022; Mora, 2018) escrita por mujeres en el ámbito hispánico es particularmente abundante y representativa, y está dotada de una perspectiva feminista que arroja luces nuevas sobre la cuestión rural y ecológica.

Esto es así quizá porque muchas autoras establecen un vínculo entre la subordinación de las mujeres y la explotación destructiva de la naturaleza, de tal manera que el cuerpo violentado y herido de la mujer se identifica con la naturaleza abusada y maltratada por el hombre (Merchant, 2020 [1980]; Plumwood, 1993; Warren, 1996; Gates, 2010). En otras ocasiones, la puesta en valor del espacio rural supone para muchas autoras la reivindicación del papel de la mujer en el campo y de una ética del cuidado que promueve formas más sostenibles de relacionarnos con el medio ambiente (Sánchez, 2019).

Muchas autoras también optan por aprovechar el entorno rural como un marco propicio para evidenciar de forma más descarnada el machismo que aún impera, en ocasiones de forma sutil, en partes de nuestra sociedad.

Existe por tanto una interesante complementariedad entre la mirada feminista, la ecología y el Neorruralismo, ya que el feminismo nos ayuda a interpretar mejor el ecologismo mientras que la reivindicación del mundo rural nos ayuda a entender mejor la lucha feminista.

Con el objetivo de profundizar en esta complementariedad, en este libro se rastrea la obra de algunas escritoras contemporáneas en lengua española que plantean en sus obras literarias visiones de la vida alternativas a la exclusivamente antropocéntrica. Para ello se reúnen títulos que aúnan el mundo humano y el mundo natural y que muestran cómo la humanidad está vinculada con el mundo físico, cómo ambos son afectados mutuamente y cómo esto debe llevarnos a replantear nuestra relación con el medioambiente.

En concreto, en este libro se hace un recorrido por un conjunto representativo de obras literarias escritas por mujeres en español, que hayan sido publicadas en los últimos diez años, que pertenezcan a los géneros de novela, poesía o ensayo, y que contengan un mensaje ecológico relevante.

Las autoras seleccionadas nos presentan unos textos que sirven como reflexión acerca de las bases culturales en las que las sociedades contemporáneas han fundamentado su crecimiento y configuración, y su estudio muestra como la literatura, en conjunción con el feminismo y el ecologismo, pueden aportar nuevas luces a los desafíos medioambientales, de justicia social y de paridad a los que se enfrenta el mundo actual. En esta selección de obras se abordan conceptos como la distopía climática, el

Neorruralismo y/o el Ecofeminismo, y se nos presentan nuevas formas de pensar en profundidad sobre la crisis medioambiental, las desigualdades de género y la urgente necesidad de revertir ambas situaciones.

En el primer capítulo del libro abordamos conceptos claves para entender las relaciones entre ecología y literatura en el siglo XXI. Concretamente se abordan los conceptos de Humanidades ambientales, Ecocrítica y Ecofeminismo a fin de entender las diferencias entre ellos y sus especificidades en el ámbito investigador, y enmarcar adecuadamente el término "Ecoficción".

En el segundo capítulo realizamos un breve recorrido general por el estado de la Ecoficción y de la literatura Neorrural escrita por mujeres en el ámbito hispánico, señalando su relevancia en el panorama de la literatura contemporánea y apuntando algunas líneas o características comunes.

A partir del tercer capítulo nos centramos específicamente en la obra literaria de algunas escritoras españolas y latinoamericanas contemporáneas a fin de mostrar su preocupación ecológica, ya sea desde una reivindicación de lo rural, desde la crítica ecológica, la distopía o el Ecofeminismo.

En concreto, en el capítulo tres se aborda la literatura de la escritora española María Sánchez cuya obra parte de un fuerte compromiso con lo rural, concretamente con las mujeres del campo y el Ecofeminismo, especialmente en *Tierra de mujeres* (2019). Asimismo, sus poemarios *Cuaderno de campo* (2017), *Fuego la sed* (2024) y su ensayo y proyecto trasmedia *Almáciga* (2020), suponen una reivindicación de la biodiversidad y una defensa de los animales y el ecologismo a través de la palabra.

En el capítulo cuatro se aborda la poesía de la poeta nicaragüense Esthela Calderón y de las escritoras españolas Sara Herrera Peralta y Erika Martínez, autoras que de modo diverso han integrado la preocupación ecológica en su obra poética y que nos acercan a nuevas reflexiones acerca de la relación del ser humano con la naturaleza y el territorio a través de la poesía ecológica.

En el capítulo cinco nos acercamos a novelas de las escritoras españolas Olga Merino, Ana Iris Simón y Sara Mesa, *La forastera* (2020), *Feria* (2020) y *Un amor* (2020), todas ellas ambientadas en el entorno rural, que nos plantean una visión contemporánea y sin edulcorantes de la situación de la vida en el campo y los entornos rurales en España. En estas novelas se nos presentan voces femeninas que luchan en un entorno adverso y, en ocasiones, salvajemente machista, siendo así el mundo rural un marco idóneo para denunciar la necesidad de seguir perseverando en la lucha feminista.

Este capítulo enlaza además con el capítulo seis, dedicado a dos novelas de las escritoras Lara Moreno e Irene Solà, *Por si se va la luz* (2013) y *Canto yo y la montaña baila* (2019), las cuales también están ambientadas en el entorno rural, con la diferencia de que las autoras introducen elementos fantásticos que las dotan de una fuerte simbología. Lo rural se nos presenta como un espacio de conexión con lo originario y la naturaleza sirve de puente con lo onírico, la brujería y el más allá. El feminismo sigue siendo una componente relevante del relato, y la figura de la mujer se tiende a asociar con la naturaleza: fuerte, íntima y maltratada.

Finalmente, el último capítulo del libro se centra en la novela *Mugre rosa* (2020) de la escritora uruguaya Fernanda Trías quien aborda la preocupación ecológica desde la distopía, enfatizando la necesidad de cambiar nuestra relación con la naturaleza. En esta novela el mensaje feminista también está presente, si bien de una forma más sutil. La mujer se nos presenta como cuidadora que no se procura autocuidados, como ser sufriente y oprimido.

El análisis de todas estas obras supone plantear una panorámica de las preocupaciones ecológicas y sociales de las escritoras contemporáneas que escriben en español y apuntar las nuevas reflexiones de las jóvenes autoras en la actual crisis climática mundial. Todas estas obras expresan una nueva relación del ser humano con el medio ambiente, ya sea para apuntar la necesidad de cambiar dicha relación o presentar el medio natural y rural como espacios a reivindicar, sin ser romantizados. Que todas estas obras las hayan escrito mujeres nos permite adentrarnos, además, en los lazos que se han establecido entre los movimientos ecologistas, neorrurales y feministas, así como su papel en la renovación de los valores imperantes en nuestras sociedades.

Capítulo 1
Humanidades ambientales, Ecocrítica y Ecofeminismo: Claves para entender las relaciones entre literatura y ecología en el siglo XXI

La actual crisis climática y ecológica ha propiciado una mayor preocupación por el medioambiente y una reflexión acerca del papel que las Humanidades y, particularmente, la literatura, pueden desempeñar en promover nuevas formas de relacionarnos con la naturaleza y el territorio. En este sentido, señalaba la pionera en estudios ecocríticos en España Carmen Flys (2018) que:

> Las humanidades son las ciencias especialistas en conocer el ser humano, su sentir, su comportamiento y sus anhelos y cómo estos sentimientos se expresan. Las artes no sólo han reflejado nuestro sentir, haciéndonos ver nuestros prejuicios, sino que también nos han mostrado otras formas de ser y relacionarnos, ya sea con seres humanos o no humanos de nuestro entorno […] la literatura puede mostrar al lector caminos y actitudes alternativos y que sugieran nuevas formas de percibir y sentir el entorno, provocando, mediante la emoción, al lector para que cambie sus actitudes y contribuya a imaginar y crear un mundo más justo y sostenible (182–183).

Sin embargo, tal como afirma Gala (2021) "desde el siglo XX ha imperado el estudio de la textualidad como un foco claramente antropocéntrico. La naturaleza, el entorno, en general, […] se ha considerado un ámbito que no concierne a la crítica directamente" (179). La autora se hace eco así de reflexiones como las de la investigadora y referente de los estudios ecocríticos Cheryll Glotfelty (2015, 120–121) para quien la crítica literaria, centrada en cuestiones como el género, la raza, la clase social etc., ha dejado de lado la naturaleza y la cuestión medioambiental presente en los textos de ficción, al considerarlas un mero trasfondo o escenario.

Afortunadamente, en la actualidad se está produciendo un cambio de paradigma y las reflexiones que surgen desde las Humanidades ambientales, la Ecocrítica y los estudios ecofeministas están aportando de forma creciente una visión diferencial respecto de la relación de la literatura con la naturaleza y el medioambiente.

Se hace por tanto necesario profundizar en los conceptos de Humanidades ambientales, Ecocrítica y estudios ecofeministas, ya que contienen algunas claves esenciales para entender las relaciones entre literatura y ecología en el siglo XXI.

Comenzando por las Humanidades ambientales, estas recogen "aquellos estudios filosóficos estéticos, religiosos, literarios y audiovisuales basados en las investigaciones más recientes en ciencias naturales y sostenibilidad" (Adamson, 2018, 18). Las Humanidades ambientales abordan cómo la literatura y el arte en general pueden contribuir a crear sociedades más sostenibles, igualitarias y respetuosas con el medioambiente, es decir, son una disciplina que pone en relación el ámbito cultural con la preocupación ecológica. Se trata, además, de un campo que "disiente de la convencional separación entre ciencias y humanidades" (Parreño y Marrero, 2018, 8) y que apuesta por subrayar el importante papel de la literatura y el arte para enfrentar los desafíos de la crisis medioambiental a nivel global. Para los humanistas ambientales el objetivo final de sus investigaciones y aportes es librarse de la economía como medida de todas las cosas y volver a modelos sociales que refuercen la comunidad entre los seres vivos, entre la naturaleza y el ser humano.

La institucionalización académica de las Humanidades ambientales, tal y como señala Adamson (2018, 18–19), comenzó en los años 60 con la creación de la *American Society of Environmental History* y alcanzó su consolidación en los años noventa con la creación de la *International Society for Environmental Ethics*, la *International Association for Environmental Philosophy* y la *Association for the Study of Literature and Evironment*. También se ha de mencionar la *European Association for the study of Literature, Culture, and Environment*, que promueve la investigación y la educación en el campo los estudios culturales y literarios de corte ecológico. Un precedente en España en esta línea de investigación es el proyecto I+D+i *Humanidades Ecológicas y Transiciones Ecosociales: Propuestas Éticas, Estéticas y Pedagógicas para el Antropoceno* (Ministerio de Ciencia e Innovación, PID2019-107757RB-I00) coordinado por la Universidad Politécnica de Valencia.

Las Humanidades ambientales se han presentado también como un campo de investigación de plena actualidad y relevancia, precisamente por la grave crisis ecológica que vivimos en la actualidad. Concretamente, proponen temas de investigación que van desde el análisis y alcance del concepto "Antropoceno" (Crutzen y Stoermer, 2000), empleado para designar nuestra época ambiental y consecuencia directa de las actividades abusivas del hombre sobre la naturaleza, hasta el cuestionamiento de conceptos como "progreso" y "desarrollo" extendidos, fundamentalmente, en Europa y América del Norte, la exploración de nuevas formas de vida más respetuosas con el medioambiente, la crítica de valores sociales y económicos dominantes, el apoyo de iniciativas culturales que fomenten la educación y la concienciación medioambiental y el estudio de las relaciones del ser humano con la naturaleza a lo largo de la historia, particularmente en el mundo de arte y la literatura.

Tal como señala Albelda (2018), la esencia del cambio decisivo que promueven las Humanidades ambientales tiene que ver con el progreso "hacia la emancipación humana y el cuidado de la biosfera como principales objetivos, entendiendo la tecnociencia como un medio, no como fin" (60). En este sentido, afirma el autor, se ha de sustituir "el concepto de progreso de las sociedades basado en el crecimiento de su economía por otro modelo vinculado a la ética ecológica y a la equidad redistributiva, defendiendo la vida buena humana y de las demás especies" (Albelda, 2018, 60).

Para la Humanidades ambientales la literatura tiene un papel fundamental en todo este necesario proceso de cambio, no sólo porque nos aporta información acerca de cómo se ha relacionado el ser humano con la naturaleza a lo largo del tiempo, sino porque "la ficción nos permite considerar, sopesar y matizar nuestras reacciones y posibles posturas éticas como una preparación para afrontar los retos que la vida nos puede presentar" (Flys, 2018, 186). En este mismo sentido se expresa Julie Sze (2002) cuando afirma que "la literatura escrita sobre temas ecológicos nos muestra una nueva manera de percibir temas medioambientales a través de imágenes visuales y de metáforas, y no solo de estadísticas" (163). Para Binns (2004), además, los artistas y, particularmente los literatos, son personas capaces de sentir el exilio que supone el distanciamiento humano respecto de la naturaleza y el territorio y de promover a través de la literatura la necesaria recuperación del arraigo, de reconectar con la tierra, con los pueblos y también con las ciudades (Binns, 2004, 71).

Resulta, pues, de especial interés analizar la literatura actual desde esta nueva perspectiva y, en nuestro caso, en lengua española, para dilucidar cuáles son las preocupaciones ecológicas, así como la visión del lugar, el entorno y la naturaleza que nuestros escritores y escritoras están vertiendo en sus obras literarias. Asimismo, nos interesa particularmente la visión femenina acerca de estos temas por los puntos de encuentro que la literatura escrita por mujeres está encontrando entre el ecologismo y la lucha feminista. Será precisamente la escuela ecocrítica y, en particular, el Ecofeminismo los que presten más atención a todas estas cuestiones.

Según Cheryll Glotfelty (1996) podríamos definir la Ecocrítica como "el estudio de la relación entre la literatura y el medio ambiente físico"[1] (xviii). Para Flys, Marrero y Barella (2010) la Ecocrítica, además:

> Toma como punto central el análisis de la representación de la naturaleza y las relaciones interdependientes de los seres humanos y no-humanos según han quedado reflejados en las obras de la cultura y la literatura. Se basa en gran medida en las diferentes teorías filosóficas y en los movimientos sociales que se ocupan de la relación de los humanos con su entorno (ética medioambiental, ecosofía, ecofeminismo, ecología profunda, justicia medioambiental, ecologismo del sur, etc.), a la vez que, como escuela de análisis literario y cultural, analiza textos culturales para estudiar el reflejo y la representación de las actitudes culturales en los textos. Esta escuela se preocupa, igualmente, por rescatar del olvido obras literarias que abordan estos temas (18).

La escuela ecocrítica se ha desarrollado principalmente en Estados Unidos y Reino Unido y su institucionalización vino de la mano de la creación de la ASLE (*Association for the Study of Literature and Environment*), fundada en 1992, y de la revista ISLE (*Interdisciplinary Studies in Literature and Enviroment*), fundada en 1993, tal como recogen Flys, Marrero, y Barella (2010, 15). En España, el grupo GIECO (Grupo de Investigación en Ecocrítica), fundado en 2006, es pionero en la investigación en este ámbito en nuestro país.

El enfoque ecocrítico del estudio de la literatura promueve, por tanto, una nueva aproximación a la relación del ser humano con el mundo y el resto de seres vivos: la naturaleza, el medio dejan de ser elementos pasivos sino activos y elocuentes. La literatura permite visualizar a la naturaleza como un ente vivo que nos mira y nos habla y presentar a los seres vivos que habitan el planeta en una situación de igualdad y equilibrio.

Para Gala (2021), el valor crítico de la perspectiva ecológica de la literatura reside en su capacidad para denunciar "los valores que dominan la cultura de la que es parte y proponer los medios para acercarse a los

---

[1] Todas las traducciones de citas de textos en idiomas distintos al español son propias.

cimientos de la tierra, que no son ni más ni menos que los que propone la ecocrítica" (183). Estos valores son, fundamentalmente, y en palabras de Jorge Riechmann (citado en Parreño y Marrero, 2018), los siguientes:

> (1) Enseñar a vivir en lo próximo. Esto es, revalorizar lo cercano, hacerlo hermoso y habitable; (2) Buscar una nueva simbiosis entre naturaleza y cultura, tomando la biomímesis como modelo; (3) Promover el valor de la diversidad, porque la uniformidad social y cultural, como la pérdida de la biodiversidad, nos hacen a todos más vulnerables" (8–9).

En este sentido, y tal como afirma Marrero (2021), "el pensamiento ecologista ofrece una oportunidad para la renovación "ambiental" de la Humanidades que la filología no debe desaprovechar" (419).

Existen dos conceptos clave para la Ecocrítica (White, 2009, 101) concernientes a la relación que establecen los seres humanos con el medioambiente y la naturaleza. Por una parte, el concepto "Topofilia" el cual, según Tuan (2007), hace referencia al "lazo afectivo entre las personas y el lugar o el ambiente circundante" (13). La Ecocrítica parte del principio de que el lugar y la naturaleza son elementos fundamentales para el análisis literario: "procura fijarse en la materialidad física y científica del lugar, pasando de lo abstracto a, pasivo o simbólico a lo tangible, todo ello con una clara concienciación ecológica" (Flys, Marrero y Barella, 2010, 17). La literatura y el arte son, en este sentido, un espacio idóneo para explorar las relaciones entre el medioambiente, el territorio y el individuo.

Por otra parte, el concepto "Biofilia" que, en opinión de Kellert y Wilson (1993), consiste en "la afiliación emocional innata de los seres humanos a otros organismos vivos" (31). La Ecocrítica parte del planteamiento de que el ser humano tiene un instinto innato para vincularse con otras formas de vida, por lo que cobra importancia reflexionar sobre de las consecuencias de ser arrancados de ese contexto natural, también a través de la literatura.

La Ecocrítica cuenta ya con voces autorizadas con importante producción investigadora, principalmente en el mundo anglófono. No obstante, es éste un ámbito aún en desarrollo puesto que la Ecocrítica "no ha desarrollado un método, aunque su énfasis en la interdisciplinariedad asume que las humanidades y la ciencia deberían entablar un diálogo" (Gifford, 2010, 68). En este sentido, tal como señalan Fly, Marrero y Barella (2010), se "están desarrollando nuevas teorías y aplicaciones de teorías literarias anteriores con el objeto de dotar a la ecocrítica de un mejor armazón teórico y metodológico" (22).

Investigadores como Flys, Marrero y Barella (2010) han llegado a afirmar que existen "muchas ecocríticas distintas" (18). En su libro *Ecocríticas. Literatura y medioambiente* (2010) estos autores tratan de identificar las principales líneas del pensamiento ecocrítico de los últimos años. Algunas de las aportaciones más subrayadas a lo largo de su trabajo son las de estudiosos como Lawrence Buell, autor, entre otros, de los títulos *The Enviromental Imagination* (1995) donde se profundiza en la importancia de otorgar al lugar y al entorno natural un espacio primordial en el análisis de la obra literaria o *The Future of Enviromental Criticism* (2005), donde se realiza un resumen de la historia de la ecocrítica y reflexiona acerca de su futuro como disciplina. También subrayan el trabajo de Joni Adamson, autora de obras como *American Indian Literature, Enviromental Justice, and Ecocriticism* (2001), enfocada en la ecocrítica de justicia medioambiental y la literatura indoamericana; Dana Phillips, autor de obras como *The Truth of Ecology: Nature, Culture, and Literature in America* (2003), donde se exploran temas como la historia de la ecología en Estados Unidos, la escritura sobre la naturaleza y la ecocrítica y Greg Garrard, autor de libros como *Ecocriticism* (2004) o *The Oxford Handbook of Ecocriticism* (2014), donde se abordan las distintas formas de representar e imaginar las relaciones entre los seres humanos y el medioambiente a través de las diversas áreas de la producción cultural. Se mencionan asimismo a autores como Scott Slovic, editor desde 1995 de la revista *ISLE: Interdisciplinary Studies in Literature and Environment*, publicación de referencia en el ámbito de la ecocrítica, Terrel Dixon, editor del volumen *City Wilds: Essays and Stories about Urban Nature* (2002) o Michel Branch, uno de los editores del volumen *Reading the Earth: New Directions in the Study of Literature and Evironment* (1998).

Finalmente, un tercer concepto esencial para entender la relación actual entre literatura y ecología es el concepto de Ecofeminismo.

El Ecofeminismo es un movimiento filosófico y social, definido por primera vez por François d'Eaubonne en 1974, que aborda la opresión que sufren las mujeres en la "sociedad patriarcal" y cómo esta es un reflejo de la violencia que el ser humano ejerce sobre la naturaleza (Carretero 2010, 178). Lo que el Ecofeminismo plantea es que es posible un mundo más justo, igualitario y respetuoso con la naturaleza y todas las especies que la habitan, para lo que es necesario deconstruir y reformular los conceptos de cuerpo, naturaleza, economía o progreso.

Afirma Carolyn Merchant (2020 [1980]) que "tanto el movimiento de mujeres como el movimiento ecologista son duramente críticos de los costos de la competencia, la agresión y la dominación que surgen del *modus operandi* de la economía de mercado en la naturaleza y la sociedad" (XXX). En este mismo sentido, señala la ecofeminista Vandana Shiva (en Mies y Shiva, 2015) que:

> El modo en que evolucionará el planeta y los seres humanos dependerá de cómo evaluemos el impacto humano en el planeta. Si seguimos considerando que nuestro papel está enraizado en el viejo paradigma del patriarcado capitalista -basado en una cosmovisión mecanicista, una economía competitiva, industrial, centrada en el capital, y una cultura de la dominación, la violencia, la guerra y la irresponsabilidad ecológica-, veremos que rápidamente aumentan las catástrofes climáticas, se acelera la extinción de especies, y se agrava el colapso económico y la injusticia y la desigualdad humanas (24–25).

El Ecofeminismo se presenta, así, "como una lente muy interesante a través de la cual acercarse a la literatura [...] puede estudiarse el modo en que hombres y mujeres del mismo período perciben la naturaleza, se relacionan con ella y escriben sobre ella" (Carretero, 2010, 184). La crítica literaria ecofeminista permite abordar la profundidad de las relaciones entre la naturaleza y las mujeres a lo largo del tiempo, así como la dominación machista a la que ambas han sido sometidas. También reflexionar acerca del papel de la mujer en la necesaria renovación de los valores sociales en el mundo contemporáneo, en particular a través de la literatura y cuestionar si existen diferencias en el modo en que hombres y mujeres escriben sobre la naturaleza. No obstante, tal como parece expresar Vakoch (2012, 3), la crítica literaria ecofeminista no debe relegarse a la crítica, sino que debe contribuir a identificar estrategias emancipatorias en la literatura que puedan mejorar la situación de desigualdad de las mujeres respecto de los hombres en nuestras sociedades, así como plantear formas más respetuosas y justas de relacionarnos con la naturaleza y el medio ambiente.

Tal como señala Rosa Berbel (2020) "dentro del marco diverso y polivalente del ecofeminismo, el estudio de género en la ruralidad y en los entornos naturales ocupa un lugar privilegiado" (4). En este sentido la autora viene subrayar la idea de que "el ecofeminismo aporta elementos interesantes y útiles de problematización de los dualismos" (Agra, 1997, 20 citado en Berbel, 2020, 5) siendo estos, por ejemplo: la oposición campo-ciudad, rural-urbano, mujer-hombre, etc. También incorpora nuevas perspectivas a la relación del ser humano con el territorio, como la ética de los cuidados, o la necesidad de promover formas más respetuosas y sostenibles en nuestra relación con el medioambiente.

Para el Ecofeminismo, la justicia y la responsabilidad son un deber ético de la sociedad, lo que implica respetar unos principios básicos de convivencia con el medioambiente y cuidar del vulnerable. Así, para autoras como Alicia H. Puleo (2021) "el ecofeminismo amplía el conjunto de sujetos dignos de nuestra consideración moral al mundo no humano. Volvemos a encontrar el "amor atento" en la apertura epistemológica a lo vivo" (63). Por otra parte, y de nuevo en opinión de Puleo (2021), las mujeres "no han cortado sus lazos empáticos con los demás como lo exige la identidad viril. Siempre se han ocupado de la casa y "ecología" proviene de "oikos" (en griego, "casa")" (51). Es decir, para Puleo (2021), las mujeres y, particularmente para nosotros las mujeres que escriben Ecoficción o están interesadas por la literatura rural, ostentan un papel importante en evitar el colapso en la vida en la Tierra. Es, por tanto, de especial interés rastrear la obra literaria de autoras contemporáneas del ámbito hispánico con preocupaciones ecológicas.

Curiosamente, en su trabajo *Ecocríticas. Literatura y medioambiente* (2010) Flys, Marrero y Barella realizan un exhaustivo resumen del desarrollo de la ecocrítica a lo largo del tiempo, la cual ha seguido, en su opinión, las mismas etapas que Elaine Showalter (1985) señaló respecto de la evolución de la crítica literaria feminista:

> En primer lugar, la búsqueda de imágenes de la naturaleza (la crítica feminista se fijaba en el papel de las mujeres) en la literatura canónica como los arquetipos de Edén o Arcadia o, por el contrario, la ausencia significativa del mundo natural en una obra; en segundo lugar, el intento de rescatar la tradición marginada de una literatura ecológica, escrita desde la perspectiva de la naturaleza; y, en tercer lugar, una fase teórica preocupada por las construcciones literarias del ser humano en su relación con el entorno natural (Flys, Marrero y Barella, 2010, 16).

Flys, Marrero y Barella (2010) prestan además una especial atención a autoras y autores clave del Ecofeminismo literario, una de las líneas de investigación más fructíferas en el ámbito de la Ecocrítica, entre las que destacan a las investigadoras Carolyn Merchant, autora de *The Death of Nature: Women, Ecology and the Scientific Revolution* (2020 [1980]), Val Plumwood, autora de *Feminism and the Mastery of Nature* (1993) o Karen Warren, autora de *Ecological Feminist Philosophies* (1996).

Por último, los conceptos anteriormente mencionados, Humanidades ambientales, Ecocrítica y Ecofeminismo, nos dan una serie de claves para entender la relación entre literatura y ecología, relación que se manifiesta de forma más concreta en la llamada "Ecoficción".

Tal como afirma Jim Dwyer en su trabajo *Where Wild Books Are* (2010), el origen del término "Ecofiction" (Ecoficción) se remonta a los años 70 del siglo XX en los Estados Unidos y hace referencia tanto a la literatura que trata sobre las relaciones entre el ser humano y el medio físico, o la literatura donde la naturaleza y el territorio tienen un papel relevante, como a aquella que trata sobre cuestiones medioambientales (Dwyer, 2010, 2).

En su estudio, Dwyer señala que no existe un consenso en el mundo académico acerca de cómo debe escribirse el término "Ecoficción", es decir, en unas ocasiones aparece escrito separado en dos partes "Eco Fiction" (Eco ficción), incluso por medio de un guion "Eco-Fiction" (Eco-Ficción), y, en otras ocasiones, aparece escrito de forma contraída "Ecofiction" (Ecoficción) (Dwyer, 2010, 2–3), tal como lo emplearemos en este trabajo. El autor indica además que los términos "Enviromental Fiction" (literalmente, Ficción Ambiental), "Green Fiction" (Ficción Verde) o "Nature-Oriented Fiction" (Ficción orientada a la naturaleza), son términos que se han usado de forma intercambiable por "Ecoficción", pero que a veces han sido entendidas también como categorías de la "Ecoficción" (Dwyer, 2010, 3).

El término "Ecoficción" está íntimamente relacionado con el término "Nature writing" (Escritura de la Naturaleza) empleado para denominar a todo tipo de escritura ficcional o no ficcional que trata sobre la naturaleza desde una perspectiva conservacionista (Lyon, 2001).

En su reciente título *El arte de contar la naturaleza* (2023b), la escritora Luci Romero utiliza el término "Nature writing" para referirse a "un acto que supone observar, describir o narrar la Naturaleza -en muchos casos de manera autobiográfica-, sobre el que, además, se realizan ciertas anotaciones subjetivas y reflexiones filosóficas que consideran el paisaje como parte de una misma historia de vinculación, más que como mero escenario de una acción determinada" (12). Romero realiza en su ensayo un recorrido por autores y autoras que pueden considerarse parte de la tradición literaria del "Nature writing" o de aquella literatura que busca "aprender y reaprender de lo natural" (Romero 2023b, 12). Entre ellos se citan a Thomas Jefferson, Henry David Thoreau, Susan Fenimore

Cooper, Ralph Waldo Emerson, John Muir o John Burroughs y se fija a los Estados Unidos y al siglo XIX como el lugar y el momento principales de desarrollo de este género literario.

En lo que se refiere al ámbito de la lengua española Romero (2023b) cita a algunos autores de referencia respecto a la "escritura de la naturaleza" como Miguel de Unamuno, Miguel Delibes, Joaquín Araujo o Julio Llamazares. Sin embargo, apenas señala nombres de mujeres escritoras. La autora afirma también que uno de los pilares fundamentales del "Nature writing" es el asombro, es decir, "la fascinación, la admiración, la conmoción o el aturdimiento ante el espectáculo de sentirse empequeñecido frente a la inmensidad del ámbito que nos contiene y abarca" (Romero, 2023b, 14).

Por su parte, para Murphy (2000, 1 y 5), la "Ecoficción" es el componente de dos fenómenos literarios diferentes, a saber, la "Nature oriented literature" (Literatura orientada a la naturaleza) y la "Enviromental Literature" (Literatura medioambiental). La "Literatura orientada a la naturaleza" se caracteriza, según el autor, por tener como tema principal de la obra a la naturaleza. También por ser textos que, o bien reflexionan acerca de la relación entre los seres humanos y la naturaleza u otros seres no humanos, o bien introducen filosofías sobre la naturaleza. La "Literatura medioambiental", en cambio, introduce en la obra literaria preocupaciones ecológicas, por ejemplo, el efecto de la acción del hombre sobre la naturaleza, la contaminación o la explotación del medio ambiente.

Finalmente, para Berbel (2022) "la categoría de Ecoficción resulta de utilidad para leer e interpretar la producción contemporánea, en buena medida dominada [...] por la aspiración de subvertir los órdenes capitalistas, extractivistas y neocoloniales" (303). Los conceptos "Ecoficción" o "Ecoescrituras" engloban así, para esta autora, tanto a los discursos como a las obras de ficción que emplean la invención narrativa para impulsar una nueva y más respetuosa relación de los seres humanos con la naturaleza. No se trata, por tanto, de "una mera incorporación temática del cambio climático o de la destrucción medioambiental" (Berbel, 2022, 303-334) a la obra literaria sino de una utilización política e ideológica de las formas narrativas para ejercer un cierto activismo ecológico.

La autora se hace eco, asimismo, de las reflexiones de Jorge Riechmann (2018 citado en Berbel, 2022) quien "apunta al rechazo de la ficción de la normalidad como una característica central de las ecoescrituras" (305). En este sentido, Riechmann parece referirse a la "Ecoficción", como a aquella literatura que recobra el sentido de lo excepcional y lo milagroso en la naturaleza a fin de conseguir "un entendimiento ético de la naturaleza, del territorio y sus procesos" (Berbel, 2022, 305).

Junto al término "Ecoficción" han ido apareciendo en los últimos años otros muchos términos para referirse a la literatura que tiene como tema central la naturaleza y/o encierra un mensaje ecológico importante. Así, por ejemplo, en 2005 Buell utilizó los términos "Environmental writing" (Escritura ambiental) o "Environmental literature" (Literatura ambiental) (142) para referirse a la literatura que tiene como tema central la naturaleza, ya sea desde un punto de vista científico, social o personal, incluyendo en dicha definición a los textos de no ficción.

Dan Bloom introdujo en 2008 el término "Climate Fiction" (Ficción climática o Climaficción) -Cli-fi- (Forthomme, 2014, s.p.) para referirse a toda aquella literatura relacionada con el cambio climático. El término Cli-fi se ha propagado así con mucha fuerza entre los escritores y los lectores a nivel mundial.

Por su parte, Mercier (2018) introdujo el término "Ecotopía" (242), el cual hace referencia a los textos que plantean nuevas formas de reconexión con la naturaleza a través de la ficción, en concreto a través de la distopía, mientras que Trexler (2015) habla de "Climate change fiction" (Ficción del cambio climático) (204) para referirse a la ficción relacionada con el cambio climático y de denuncia ecológica.

Finalmente, no querríamos dejar de mencionar el concepto "Filología verde" introducido por Marrero (2021) que define como "ciencia que estudia las culturas tal y como se manifiestan en su lengua y en su literatura, principalmente a través de los textos escritos, pero en tanto verde orienta su espacio de investigación hacia aquellos lugares en los que los textos literarios pueden ser de especial interés desde una perspectiva medioambiental" (429) y de "poética de la respiración". Para el autor "literatura y poesía, en la era del Antropoceno, tienen la responsabilidad de dar a los lectores la posibilidad de hacerlos respirar junto con el planeta Tierra y de favorecer el ritmo acompasado de ambos" (Marrero, 2021, 426). En la poética de la respiración, afirma, "hay una relación íntima entre el ritmo y la armonía que se dan en la naturaleza y el ritmo y la armonía que se dan en la poesía en particular y en la literatura y las artes en general" (Marrero, 2021, 425). Para Marrero es, por tanto, de vital importancia rescatar aquellos textos literarios que expresan esas relaciones íntimas entre los seres humanos y la Naturaleza a fin de conseguir una mayor concienciación ecológica y social, como es el caso también de las autoras que se reúnen en este volumen.

Existen, por tanto, muchos y muy diversos términos para referirse a la literatura de ficción relacionada con la naturaleza y el medioambiente. En este trabajo utilizaremos, no obstante, el término "Ecoficción", en la línea de Dwyer (2010), por considerar que engloba la literatura centrada en la naturaleza, la literatura que reflexiona sobre la relación entre los seres humanos y la naturaleza u otros seres no humanos y la literatura que introduce preocupaciones medioambientales.

Entenderemos, por tanto, el término "Ecoficción" como una nueva fase del "Nature Writing", es decir, como aquella literatura que trata la relación del ser humano con la naturaleza desde la conciencia moderna. Por este motivo, paralelamente a la Ecoficción estudiaremos también la literatura Neorrural escrita en español en las últimas décadas, en tanto que, tal y como apunta Gómez (2022), la reivindicación del campo que proponen los autores y autoras vinculados a esta temática supone también un medio para la necesaria transición social hacia la sostenibilidad ecológica:

> La llamada novela neorrural en numerosas ocasiones es concebida como un subgénero temático de ese otro fenómeno más amplio irrumpido a comienzo del siglo XX […] y que respondería a una estética comprometida con la denuncia de un proceso imparable de deshumanización y de desarraigo, consecuencia de la globalización e hipertecnologización del mundo (Gómez, 2022, 9).

Gómez (2022) subraya, además, que las novelas neorruralistas actuales escritas en español expresan, sobre todo, la dificultad de la vuelta al mundo rural "la traumática toma de conciencia de la irrecuperabilidad de la tierra y de la naturaleza" (15), tal y como veremos en el siguiente capítulo.

Capítulo 2
Ecocrítica, Ecoficción y Neorruralismo en la literatura contemporánea escrita por mujeres en lengua española

Tras haber realizado un recorrido de carácter teórico por algunos conceptos claves para entender la relación entre literatura, naturaleza y feminismo, en este capítulo realizaremos un breve recorrido por el estado de la Ecoficción y de la literatura Neorrural escrita por mujeres en el ámbito hispánico, señalando su relevancia en el panorama de la literatura contemporánea y apuntando algunas líneas o características comunes. Este recorrido es más amplio respecto del ámbito de la literatura escrita en la Península Ibérica, si bien también se tendrán en cuenta a autoras del espacio latinoamericano para incluir en el debate cierta perspectiva transatlántica.

En lo referente al estado de la Ecocrítica en el ámbito hispánico, cabe destacar el trabajo de Marrero (2010), "Ecocrítica e hispanismo", donde el autor realiza un repaso de los trabajos más importantes en el ámbito de la Ecocrítica en español. Entre ellos se señalan los estudios de Niall Binns, autor, del libro *¿Callejón sin salida? La crisis ecológica en la poesía hispanoamericana* (2004), algunos de los números de la revista *Anales de la Literatura Hispanoamericana*, y la revista *Ixquic* e *Hispanic Journal*, coordinados por el propio Niall Binns, Jorge Paredes, Benjamin McLean y Roberto Forns-Broggi. También se destacan los trabajos de Steven White, autor de trabajos como *El mundo más que humano en la poesía de Pablo Antonio Cuadro. Un estudio ecocrítico* (2002) y de otros estudios ecocríticos, como los que ha dedicado a la poeta nicaragüense Esthela Calderón. Otros estudios mencionados son los trabajos Alfredo Alzugarat o Christiane Laffite. En este sentido, afirma Marrero (2010) que "estas referencias bibliográficas ponen de manifiesto los "titubeantes" acercamientos ecocríticos a la literatura escrita en español" (193), que se centra sobre todo en la literatura latinoamericana.

Desde la fecha de publicación del trabajo de Marrero (2010) se han sucedido, no obstante, las publicaciones en lengua española en el ámbito de la Ecocrítica. Entre las más relevantes se pueden destacar el volumen *Formas del fin del mundo: crisis, ecología y distopías en la literatura y la cultura latinoamericanas* (2023), editado por Ángel Esteban; el volumen 8, núm 1, de la revista *Atlánticas. Revista internacional de estudios feministas* (2023) titulado "Ecocrítica: De los feminismo(s) a los ecofeminismo(s): análisis literarios y culturales" y coordinado por María Jesús Lorenzo-Modia; los trabajos publicados en la revista *Pangeas. Revista Interdisciplinar de Ecocrítica* fundada en 2019 y promovida por la Asociación Interdisciplinar Iberoamericana de Literatura y Ecocrítica y el Departamento de Filología Española de la Universidad de Alicante; el libro *Ecología y medioambiente en la literatura y la cultura hispánica* (Instituto de Estudios Auriseculares, 2021), editado por Ignacio Arellano y Mariela Insúa Cereceda; el volumen *Literatura y naturaleza. Voces ecocríticas en poesía y prosa* (Sociedad Española de Literatura General y Comparada, 2021) editado por Bruno Echauri Galván y Julia Ori; el libro *Imaginación geopoética y ecopoéticas del agua* (Peter Lang, 2023) editado por Mercedes Montoro Araque; el volumen *Naturalezas en fuga. Ecocrítica(s) de la ciudad en transformación* (Anthropos, 2021) editado por Eneko Lorente Bilbao y Rosa de Diego Martínez o el volumen *Visiones ecocríticas del mar en la literatura* (Universidad de Alcalá, Instituto Universitario de Investigación en Estudios Norteamericanos Benjamin Franklin, 2016), editados por Monserrat López Mújica y María Antonia Mezquita Fernández), por citar algunos.

Entre todos los temas tratados en las publicaciones que se han ido mencionando, uno de los más debatidos es la reflexión sobre el "sentido del lugar" o *sense of place* vinculado estrechamente a la línea de investigación que nos interesa abordar en este libro. Como señalan Flys, Marrero y Barella (2010) "gran parte de los ecocríticos han señalado que el conocimiento íntimo y el apego a la tierra son necesarios para relacionarse con el entorno" (20). En este sentido, algunos ecocríticos consideran el lugar como el espacio al que se ha dotado de significado, donde las personas se pueden identificar y construir sus relaciones sociales. Para esta vertiente de la Ecocrítica, el arraigo tiene que ver con la estrecha relación que las personas establecen con un lugar determinado, concreto.

No obstante, en tendencias más recientes de la Ecocrítica, autores como Buell (2005, 62), señalan que, en el contexto de un mundo global, la Ecocrítica debe prestar atención a entornos no estrictamente naturales o únicos. Es esta una línea de investigación a la que apuntan autoras como Ursula Heise (2008), por ejemplo, quien hace un planteamiento más globalizado del ecologismo y de la Ecocrítica. Desde esta perspectiva, las fronteras entre países desaparecen y crecen las posibilidades de cooperación en el área ecológica; también la percepción de los conceptos lugar y espacio en el ámbito literario cambian.

Las autoras que trabajamos en este libro son escritoras contemporáneas con arraigos diversos, cambiantes en algunos casos, y en cuyos textos podrá rastrearse una "tensión inherente entre las raíces y el cosmopolitismo; entre la huida y la lealtad al emplazamiento y [...] entre la cultura globalizada y los puntos de referencia propios" (Berbel, 2022, 302). En este sentido, nos parece importante señalar que nuestra perspectiva de análisis en este libro parte de una comprensión del "lugar" más "glocal" (Robertson, 1995), es decir, las obras de las escritoras que trabajamos están territorializadas en lo local, pero con intención de romper fronteras.

Asimismo, las autoras de este libro presentarán una característica común y es que muchas de ellas comparten preocupaciones de índole ecofeminista, aunque muchas no se hayan definido como tales, puesto que reivindican el valor intrínseco de todo lo que existe en la naturaleza y expresan la creencia en la necesidad de una transformación social que modifique las políticas de poder y de explotación, la necesidad de poner en valor el papel de la mujer en el mundo rural y denuncian la violencia machista. Tal como señala Berbel (2020) "la lógica patriarcal de la dominación ha impuesto históricamente los modos de relación con el entorno" (2) por lo que resulta de especial interés profundizar en las voces literarias que cuestionan esta manera de interaccionar con el medioambiente y la naturaleza desde las posturas feministas. Los textos y las escritoras que tratamos en este libro denuncian en mayor o menor medida estas situaciones de explotación, promueven nuevas formas de relacionarnos con el medioambiente y reflexionan sobre políticas de cuidado que permitan la verdadera igualdad de género y la sostenibilidad de la vida.

Por otra parte, y tal como señala Mora (2018), el tema rural ha estado presente en la literatura escrita es español desde muchos años atrás, no obstante, recientemente han ido apareciendo "toda una serie de novelas o libros de relatos con asuntos similares, pero escritos por autores muchos más jóvenes (nacidos en los 70 y 80 del siglo pasado)" (201–202). Entre ellos el autor cita a varias escritoras como Pilar Adón, Mireya Hernández, Jenn Díaz, Beatriz Rodríguez, Mercè Ibarz, Lara Moreno o Pilar

Fraile, quienes ya tienen una obra literaria importante relacionada con el mundo rural.

Gómez (2022) señala que la primera diferencia del Neorruralismo del siglo XXI frente a la literatura rural escrita en España en los años 50 y 60 es que el éxodo relatado se produce de la ciudad al campo (12). Los motivos que originan ese éxodo son así la "huida de una civilización al borde del derrumbre o el total apocalipsis [...], huida de una crisis creativa, íntima o personal que intenta ser reparada a través de un desesperado intento de reencontrarse a uno mismo en contacto con las propias raíces [...], voluntaria búsqueda de soledad y aislamiento en una recóndita aldea semiabandonada ante los imperativos de un sistema de vida que se percibe como asfixiante e inhumano [...] e, incluso, cruel e injustificada expulsión del seno de la civilización" (Gómez, 2022, 12).

Para Vicente Luis Mora (2018) el aumento del número de publicaciones en torno al tema rural en España se debe a dos motivos. El primero es que la literatura hispánica vive, en su opinión, una *"tensión inherente*, interna, irresuelta y feroz entre fuerzas posnacionales (no sólo debidas a la globalización) y fuerzas identitarias nacionales (no sólo debidas a la resistencia a la globalización)" (199). En este sentido, para Mora (2018), los autores que se interesan por el tema rural, ya sea en poesía o narrativa, lo hacen porque buscan o vuelven a una identidad geográfica o cultural, aunque muchas veces se la ponga en crisis o se vuelva a pensar sobre ella.

El segundo motivo es, según el autor, que el grupo Planeta creó toda una expectativa comercial a partir de la publicación del libro *Intemperie* (2013) de Jesús Carrasco, una novela que narra la huida de un niño de su pueblo y cómo ha de sobrevivir en la naturaleza en un país devastado por la sequía, que dio lugar a que la prensa pusiera el libro en relación con otros textos que se estaban publicando en ese momento. Esto motivó un aumento de novelas que trataban el tema rural, porque garantizaban un mayor número de ventas.

En este sentido, Mora (2018) llama la atención sobre el hecho de que muchos de los autores actuales que tratan el tema rural expresan una añoranza por la vida del campo, si bien la mayor parte de ellos vive en ciudades, y entiende que este interés por la vida del campo es más una reacción ante la saturación de la vida urbana (Mora, 2018, 203) o, incluso, una actitud interesada. El autor pone también en duda la calidad estética de estas obras neorrurales (Mora, 2018, 204). De hecho, afirma "el otro elemento de extrañeza que genera esta línea es su escasa calidad estética, salvo algunas excepciones" (Mora, 2018, 204).

Mora (2018) hace mención, asimismo, de un creciente interés por la ruralidad en el ámbito de la poesía. El autor percibe un aumento sintomático de poemarios ambientados en la temática neorrural e incluso del intento de reproducción de las hablas campesinas como estrategia lírica. Menciona así el escritor a autores y autoras como Luz Pichel, Fruela Fernández, Juan Carlos Reche, Juan Vicente Piqueras, María Sánchez, Juan Manuel Uría, Amalia Iglesias o José Vidal Valicourt. Mora (2018) también se hace eco del volumen *Neorrurales. Antología de poetas del campo* (2018) a cargo de Pedro M. Domene que incluye a autores como Fermín Herrero, Reinaldo Jiménez, Alejandro López Andrada, Sergio Fernández Salvador, Josep María Rodríguez, David Hernández Sevillano, Hasier Larretxea o Gonzalo Hermo, aunque el volumen no incluye a ninguna mujer.

En la misma línea que Mora (2018) se sitúa la escritora Rosa Berbel (2022) quien en su trabajo "Nuevas direcciones para la estética ecológica en la literatura española neorrural (2013–2020)" afirma que el campo "se ha convertido en la última década en un motivo relevante y habitual" (297) en la literatura actual. Para la escritora, "los textos recientes revelan formas nuevas de relación con el territorio, cercanas en sus postulados a algunas articulaciones ecologistas actuales y a las ecoescrituras" (Berbel, 2022, 297). Así este nuevo interés de los literatos españoles por el tema rural no debe entenderse como un "fenómeno excepcional [...] sino como una tendencia de aspiración más amplia y una profunda filiación posnacional" (Berbel, 2022, 298).

Berbel (2022) se hace eco de las reflexiones de Hugo Ratier (2002) y su trabajo "Rural, ruralidad, nueva ruralidad y contraurbanización. Un estado de la cuestión" y señala que el camino del nuevo ruralismo español permite "leer la tradición ruralista desde el prisma no solo de una restauración de los vínculos con el campo, sino también de una problematización general de los sistemas productivos y una transformación en la comprensión de las ciudades" (Berbel, 2022, 299). Asimismo, la autora coincide con Mora (2018) al señalar que "la asimilación de los textos neorrurales desde el prisma complejo de la ecoficción o desde las textualidades antropogénicas obedece, en primera instancia, a esta tensión inherente entre las raíces y el cosmopolitismo [...] entre la cultura globalizada y los puntos de referencia propios" (Berbel, 2022, 302). En este sentido, desde su punto de vista, esta nueva literatura rural plantea un resemantización de lo que llamamos local y global, y la reflexión sobre si ambos conceptos pueden realmente separarse en el mundo de hoy. La autora pone en valor el concepto o idea de "desplazamiento" (Berbel, 2022, 303) presente en muchas obras literarias (narrativa y poesía) contemporáneas y que quizás sea "una de las líneas de fuga principales de la subjetividad neorrural" (Berbel 2022, 303).

Junto con todo esto, el principal objetivo del trabajo de Berbel (2022) es abordar cómo el retorno al campo en la literatura está operando como una estrategia ecológica frente a la destrucción del medio ambiente. En opinión de la autora, esta nueva visión de lo rural está planteando formas alternativas de habitar el espacio y de relacionarnos con el medio ambiente y el territorio: un cambio de mirada desde la perspectiva colonial o dominadora del territorio hacia una comprensión más afectuosa y comprensiva del mismo (Berbel, 2022, 307). Desde su punto de vista, la literatura neorrural actual se plantea como un freno a la globalización y el capitalismo, a la acentuación de las desigualdades entre centros y periferias, consecuencia en parte de los efectos de las crisis económicas que han sobrevenido en España y el mundo en los últimos años. Afirma Berbel (2020): "precisamente por esta incorporación física del fracaso colectivo, la nueva literatura rural parece haberse alejado de las tentaciones idealistas, emplazándose con frecuencia en espacio hostiles, desérticos o deshabitados, surgidos de las ruinas del capitalismo" (301).

Otras aportaciones importantes de Rosa Berbel en relación al binomio literatura-mundo rural son sus reflexiones sobre el Ecofeminismo y a la literatura escrita por mujeres, como puede verse en su trabajo "Ecofeminismo y feminismo rural en *Tierra de mujeres* de María Sánchez" (2020). Para la autora, la perspectiva feminista unida al activismo ecológico contribuye a superar visiones binarias sobre el territorio (campo-ciudad) así como a oponerse a aludir a la ruralidad de una forma única (Berbel, 2020, 5). El feminismo en conjunción con la ecología nos permite, pues, hablar de la ruralidad desde una perspectiva más poliédrica, así como de comprender "los espacios de la ruralidad como zonas políticas de resistencia frente al pensamiento urbano y patriarcal dominante" (Berbel, 2020, 5). Que las escritoras en lengua española escriban literatura que aborde la preocupación ecológica en conjunción con el feminismo permite cuestionar, por ejemplo, cómo se han narrado "los modos de vida de las mujeres del campo, oprimidas de forma doble por el discurso único masculino y por los esquemas epistemológicos y relacionales únicos de la urbanidad" (Berbel, 2020, 5). También permite introducir reflexiones como la ética del cuidado entendido como "un modo de comportamiento igualitario, compasivo y solidario no solo con el ser humano, sino también con la naturaleza y los animales" (Berbel, 2020, 6).

Es por esto que, dentro del marco amplio de la "Ecoficción" y literatura Neorrural en el ámbito hispánico contemporáneo, en este libro prestamos atención a la literatura escrita por mujeres, siendo particularmente destacable aquella que adopta una perspectiva ecofeminista o comparte algunas de las preocupaciones del Ecofeminismo.

Son muchas las escritoras contemporáneas que cultivan la Ecoficción en el ámbito hispánico o que muestran interés por el tema de la naturaleza, el mundo rural o la preocupación ecológica en sus textos. Todos estos textos reflexionan sobre la naturaleza de alguna forma, ya sea como espacio amenazado, como espacio de resistencia o como espacio de reivindicación feminista.

En el ámbito de la narrativa podemos señalar, por ejemplo, a: Anacristina Rossi, *La trilogía de Lalia* (2024); Begoña Méndez, *Lodo* (2023); Mercé Ibarz, *Tríptico de la tierra* (2022); Verónica Gerber Bicecci, *La compañía* (2021); Sara Mesa, *Un amor* (2020); Miren Amuriza, *Basa* (2019); Daniela Tarazona, *Un animal sobre la piedra* (2019); Pilar Fraile, *Las ventajas de la vida en el campo* (2018); Agustina Bazterrica, *Cadáver exquisito* (2017); Concha López Llamas, *Beatriz y la loba* (2014) y *Bajo el dominio del río negro* (2013); Jenn Díaz, *Es un decir* (2014) y *Belfondo* (2011); Lara Moreno, *Por si se va la luz* (2013), solo por citar algunas.

En el ámbito de la poesía podemos señalar a: María de la Cruz, *Cruzamos por el ras de la montaña* (2024), Ángela Segovia, *Jara morta* (2023); Marta López Luaces, *Talar un nogal* (2023); Luciana Mellado, *El coloquio de las plantas* (2021); Sara Herrera Peralta, *Un mapa cómo* (2022); Ana Pérez Cañamares, *La senda del cimarrón* (2020); Maricela Guerrero, *El sueño de toda célula* (2020); Acoyani Guzmán, *Animalario* (2020); Olga Novo, *Feliz idade* (2019); Cristina Sánchez Andrade, *Llenos los niños de árboles* (2019); Lilián Pallares, *Bestial* (2019); María Sánchez, *Fuego la sed* (2024) y *Cuaderno de Campo* (2017); Esthela Calderón, *Coyol quebrado* (2012), entre otras.

En el ámbito del ensayo podemos destacar a María Sánchez, *Tierra de mujeres* (2019) o Concha López Llamas, *Yo, ecofeminista* (2022).

Existen además varios proyectos literarios y artísticos en el ámbito hispánico relacionados con la Ecoficción (Econarrativa y Ecopoesía), así como con la Literatura Neorrural que están dando a conocer la obra de escritoras interesadas por estas temáticas.

En primer lugar, habría que destacar algunas antologías:

La antología *El consumo de lo que somos: muestra de poesía ecológica hispánica contemporánea* (2014), editada por Steven F. White que incluye a cinco poetas hombres y a la poeta Esthela Calderón.

La mencionada *Neorrurales. Antología de poetas de campo*, de Pedro M. Domene (2018) donde se reúnen poemas de autores españoles nacidos entre 1957 y 1986 que tratan el tema rural, pero no se incluye a ninguna mujer.

La antología *Soplo de vida: Antología de animales* (2021), a cargo de Weselina Gacinska, donde se reúnen poemas que incluyen reflexiones acerca de los aspectos comunes compartidos entre los humanos y los animales. Entre las autoras de ambos lados del Atlántico que pueden citarse en esta antología figuran Verónica Aranda, Sandra Benito Fernández, Ingrid Bringas, Valeria Canelas, Valeria Correa Fiz, Andrea Sofía Crespo Madrid, Lucía Cupertino, Elisa Díaz Castelo, Berta García Faet, Maricela Guerrero, Carla Nyman, Ana Pérez Cañamares y Karen Villeda.

Finalmente, la antología *Naturaleza poética. Antología de poesía y poemas de la naturaleza* (2022) editada por el poeta y activista Miguel Ángel Vázquez, donde se reúnen autores y autoras contemporáneos de ambas orillas que cultivan "una poesía que se apoya y busca su inspiración en el mensaje ecológico" (Vázquez, 2022, 13). También autores y autoras de "poemas que utilizan la naturaleza como inspiración, como escenario o como metáfora" (Vázquez, 2022, 13). Entre las autoras incluidas en esta antología figuran: Adriana Bañares, Alicia Es Martínez, Begoña Abad, Chus García, Esthela Calderón, Karla Lara, Julia Otxoa, Laura Laguna, María Ángeles Maeso, María Ángeles Pérez López, Marta Macías, Marta Vicente Antolín, Raquel Lanseros, Rocío Nogales, Rosana Acquaroni, Acoyani Guzmán, Alicia Louzao, Amanda Sorokin, Ana Belén Martín, Ana Pérez Cañamares, Balbina Jiménez, Belén García Nieto, Berta García Faet, Elena Román, Inma Luna, Julia L. Arnaiz, Lilián Pallares, Mar Verdejo, Marina Casado, Marta Navarro, Nares Montero, Nuria Ruiz, Olalla Castro y Paloma Camacho.

Junto a estas antologías habría que destacar, en segundo lugar, el proyecto audiovisual "De lo urbano y lo rural" (Fundación "La Caixa", 2022) a cargo de los escritores María Sánchez, conocida por su activismo a favor del mundo rural y de la mujer, y Miqui Otero. Producida por

Lavinia Next con la dirección de Xavi Segura, en este proyecto participan escritores y escritoras como Marta Sanz, Olga Novo, Pilar Fraile, Miren Amuriza, Mercé Ibarz, Felipe Benítez Reyes o Elena Medel, cuya obra literaria reflexiona sobre espacios urbanos y rurales y como estos han cambiado a lo largo del tiempo.

En tercer lugar, se pueden enumerar diversos festivales de poesía relacionados con el ámbito de lo ecológico, lo rural y la vida del campo que se han ido organizando en los últimos años y donde participan también muchas escritoras. Por ejemplo: el festival "Alguem que respira!" https://alguenquerespira.gal/ organizado por el poeta Claudio Rodríguez Fer (Lugo, 1956) que acaba de celebrar su sexta edición en el año 2023, donde ha participado, por ejemplo, la poeta Rosa Berbel; el Festival de Ecopoesía del Valle del Jerte http://vocespoesiajerte.blogspot.com/ que acaba de celebrar su cuarta edición en el año 2022, donde han participado poetas como Ana Pérez Cañamares o Mari Ángeles Pérez Palomeque; el I Certamen Nacional de Ecopoesía "Salvar la casa" https://www.poetasporelclima.org/index.php/2022/08/03/i-certamen-de-ecopoesia-salvar-la-casa/ organizado por "Poetas por el clima" (a su manifiesto se han adherido ya hasta 105 poetas) y de cuyo jurado formaron parte las poetas Erika Martínez y Juana Castro en el año 2022 o el recital ecopoético y anticapitalista *Por la vida* http://davidtrashumante.es/326-2 organizado por los poetas David Trashumante, María Nieto, Ana Pérez Cañamares y Escandar Algeet (2021).

Finalmente, también en la Feria de Madrid (2023), tuvo lugar una mesa redonda titulada "Naturaleza poética, ecopoesía contra el colapso" en la que participaron poetas como Jorge Riechmann, Rosana Acquaroni, Alberto García-Teresa y Ana Pérez Cañamares.

Como puede verse existe una amplia variedad de publicaciones e iniciativas que permiten hablar de la aparición una nueva literatura rural y de Ecoficción (Ecopoesía y Econarrativa) en el ámbito hispánico en la que las mujeres tienen un papel protagonista. No se puede realizar, no obstante, una caracterización muy detallada de las líneas temáticas y estéticas de estas nuevas tendencias literarias. Algunos trabajos de interés a este respecto son los de Forns-Broggi (1998), Pérez-Cano, Tania (2013), Campos (2018), Mora (2018), Gala (2020 y 2021) o Berbel (2022). Si bien, sí pueden establecerse quizás algunos núcleos de interés compartidos por las autoras estudiadas en este libro que podrían hacerse extensibles a otras autoras que no trabajamos aquí y que están interesadas en estas temáticas.

El primer núcleo de interés es la lucha contra el analfabetismo ecológico o la preocupación por preservar la diversidad lingüística y cultural del mundo del campo (en el caso concreto de este libro esto puede apreciarse de modo claro en la obra de Esthela Calderón o María Sánchez, por ejemplo). La progresiva separación del ser humano del medio rural y de la naturaleza está llevando a una pérdida de la cultura popular y del campo, así como a una pérdida de la diversidad lingüística asociada al mundo rural que urge detener. Afirman Kellert y Wilson (1993) que "no cabe la menor duda que la diversidad lingüística y sus reservas asociadas de conocimiento científico popular han sido tan amenazadas en el siglo XX como la misma diversidad biológica" (243). Muchas de las autoras que cultivan la Ecoficción (Ecopoesía, Econarrativa) o la literatura Neorrural utilizan la literatura para reivindicar palabras empleadas en el mundo del campo, nombres de especies vegetales y animales, etc. a fin de insuflarles una nueva vida y que no se pierdan por falta de uso, haciendo partícipes de ellas a los nuevos lectores.

El segundo núcleo de interés es la preocupación ecológica. Esta se concreta en algunos casos en la creación universos distópicos donde la amenaza ecológica se presenta en forma de enfermedades o catástrofes que conllevan la aniquilación de los seres humanos (Fernanda Trías en este volumen, por ejemplo). Pero también obras literarias donde los seres no humanos o las especies amenazadas dejan de ser víctimas, e incluso pueden llegar vengarse del género humano. Es el caso de autoras como Irene Solà, María Sánchez o Esthela Calderón, incluidas también en este volumen.

Esta forma de incluir a la naturaleza en la obra literaria, dándole voz, responde a una toma de conciencia de la necesidad de mitigar los embates de la contaminación, los abusos del hombre sobre la naturaleza y el cambio climático, así como a una necesidad de concienciar a la sociedad sobre la injusticia que supone discriminar a los seres no humanos y sus necesidades. En este sentido afirma Romero (2023b) que "resulta vital tener siempre presente nuestros vínculos con lo no humano. Solo así podremos palpar la insignificancia plena que nos hará comprender que formamos parte de un todo indivisible y eterno" (89). En muchas obras de escritoras contemporáneas vamos a encontrar esta nueva mirada hacia la realidad a través de ojos no humanos, lo que va a permitir un verdadero cuestionamiento de nuestra relación con la naturaleza y el entorno.

Finalmente, el tercer núcleo de interés es la reivindicación del medio rural, ya sea para denunciar el abandono al que está sometido por parte de las instituciones, para cuestionarlo como alternativa vida urbana o para plantearlo como un espacio de reivindicación feminista. Es el caso en nuestro libro, por ejemplo, de las autoras Lara Moreno, Ana Iris Simón o María Sánchez, por ejemplo. Los campos y pequeños pueblos españoles están abandonados y es necesario reivindicarlos, proteger su cultura y sabiduría y dotar a las mujeres rurales, injustamente eclipsadas, del reconocimiento que les corresponde.

Capítulo 3

Feminismo, cultura y Neorruralismo: la poesía y ensayos de María Sánchez

Adentrándonos ya en la obra específica de algunas escritoras del ámbito literario hispánico contemporáneo interesadas por la Ecoficción (Econarrativa y Ecopoesía) y la literatura rural o Neorrural, este primer capítulo lo dedicamos a una de las escritoras jóvenes más señaladas actualmente a este respecto: María Sánchez (Córdoba, 1989), galardonada en repetidas ocasiones tanto por su obra como por su reivindicación del papel de las mujeres en el campo y la defensa de la biodiversidad y la naturaleza a través de la palabra.

María Sánchez es veterinaria de campo, poeta y narradora. Es autora de dos libros de poesía *Cuaderno de campo* (La Bella Varsovia, 2017), *Fuego la sed* (La Bella Varsovia, 2024) y de dos ensayos *Tierra de mujeres* (Seix Barral, 2019) y *Almáciga. Un vivero de palabras de nuestro medio rural* (Geoplaneta, 2020) por los que ha recibido diversos premios: Premio Orgullo Rural 2019 de la Fundación de Estudios Rurales, Premio Nacional de Juventud 2019, en la categoría de Cultura, Premio Córdoba en Igualdad 2020, Premio de Girona Artes y Letras 2021, Premio Andaluces del Futuro 2021 en la categoría de Cultura, Medalla Andalucía al Mérito Medioambiental 2023 y XLIV Premio Internacional Afundación del Periodismo Julio Camba 2024.

También ha coordinado, como se mencionó, un proyecto audiovisual con el escritor Miqui Otero (Barcelona, 1980) titulado "De lo urbano y lo rural" (Fundación "La Caixa", 2022) producida por Lavinia Next con la dirección de Xavi Segura, en el que participan escritores como Marta Sanz, Pilar Fraile, Mercè Ibarz, Felipe Benítez Reyes, Miren Amuriza, Bernardo Atxaga, Olga Novo o Elena Medel. En esta serie se hace un recorrido por lugares y espacios urbanos y rurales que han inspirado la literatura española contemporánea y se reflexiona acerca de las diferencias entre ellos y su necesaria complementariedad.

La obra de María Sánchez se ha integrado en lo que actualmente se conoce como literatura Neorrural (Berbel 2020, Mora, 2018 y Domene, 2018) si bien también aporta una visión nueva sobre la relación de las personas con la naturaleza, de honda preocupación ecológica. También se la identifica con movimientos sociales como el Ecofeminismo (Frühbeck, 2020) por su reivindicación del indispensable papel de la mujer en la configuración de un mundo más sostenible.

La visión de lo rural y la naturaleza en la poesía y el pensamiento de María Sánchez

Los poemarios de María Sánchez, *Cuaderno de campo* (2017), *Fuego la sed* (2024) y toda su obra ensayística proponen a los lectores una nueva manera de relacionarse con el mundo rural en España, de recuperar una cultura que ha crecido siempre en los márgenes pero que es eminentemente poética. La autora también expresa en sus escritos una profunda preocupación ecológica y una necesidad de renovar la relación de los seres humanos con la naturaleza.

Afirma la autora: "el campo y nuestros medios rurales tienen otros ritmos y otras canciones: una manera de hablar única que hermana territorio, personas y animales" (Sánchez, 2020, 29). En la literatura de María Sánchez, la escritura se convierte en una manera de indagar en sus raíces y mostrarlas al mundo:

> Somos muchas las que estamos cansadas de que se use *rural* cuando hablamos de la cultura y el patrimonio de nuestros pueblos y medios rurales, mientras que la que no se circunscribe a estos territorios se llame *cultura*, a secas. Cultura, sin apellido, la que importa, la que vale, la que viene de arriba, la que pertenece solo a unos cuantos, la cultura en mayúsculas, la cultura que hay que tener en cuenta (Sánchez, 2020, 42).

El medio rural es así para la autora en un lugar donde aprender nuevos valores y formas de relacionarse en comunidad y de respetar el medioambiente:

> Creo más que nunca que es en nuestros medios rurales, nuestros márgenes y orillas, donde sucede la vida y donde habita muchísima gente que hace posibles otras maneras de formar parte del territorio, mediante sistemas que no se pueden separar de palabras y hechos como *local* y *sostenible*. Creo en una tierra diversa y llena, creo en multitud de formas de vida de las que tenemos muchísimo que aprender (Sánchez 2020, 175).

Es particularmente en sus poemarios *Cuaderno de Campo* (2017) y *Fuego la Sed* (2024) donde María Sánchez articula de un modo más claro su pensamiento en torno a la vida rural, el campo y la naturaleza, aunque este se encuentra también diseminado en sus ensayos, convirtiendo su voz poética en un fuerte altavoz de todo un universo cultural, el de la vida rural española, profundamente denostado y estigmatizado a lo largo del tiempo, y de defensa del medioambiente.

Cuaderno de campo (2017) es un libro que reivindica la memoria y la voz de nuestros mayores, que concibe la palabra poética como una semilla que puede dar fruto en muchos y diversos lugares y que subraya la necesidad de implantar una nueva forma de relacionarse con la naturaleza en la sociedad contemporánea. El poemario es asimismo un "intento de creación de una nueva identidad femenina, una voz propia que ha[ce] explícitas las narrativas que hasta el momento ha mantenido ocultas en el medio rural la voz masculina dominante" (Frühbeck, 2020, 37).

El poemario está organizado en distintas secciones: *La primera mancha, Monólogo acerca del instinto y la entrega, La mano que cuida, Los favoritos de la luz, Escribo nido no pecho no carne no cielo, Los animales buscan sitios difíciles para morir, Ceremonia* y *La última herida*. Un total de 25 poemas donde la poeta aborda temáticas como la niñez, la memoria, los rastros, la genealogía, la maternidad, el feminismo y el propio ejercicio de la palabra poética.

Cuaderno de campo (2017) surgió, según su autora, en el huerto de su abuela Carmen. Así lo recoge en *Tierra de mujeres* (2019):

> Yo me agarro al huertecito de mi abuela Carmen. Con su cancela verde y sus paredes gruesas de cal. Al girar su calle, se intuye desde arriba. *Cuaderno de campo* nació allí, una mañana en la que ayudaba a mi madre a recoger laurel mientras, en la cera de enfrente, las ovejas del vecino empezaron a llamar a sus corderos. Recuerdo que sentí la necesidad de mirar al suelo, a la tierra, allí donde siempre hubo patatas, y sumergir las manos y mancharlas, buscando unas raíces que ya no están. El vecino de la casa de al lado empezó a poner fandangos. Uno de esos momentos en que todo parece tener sentido (Sánchez, 2019, 156–157).

Un momento que María Sánchez también traslada a su poemario:

> Algo así tiene que ser el hogar.
> Oír fandangos mientras las ovejas van
> tras sus corderos

Rebuscar con los dedos las raíces
Ofrecer a los tubérculos los tobillos [...] (Sánchez, 2017, 19)

Por su parte, *Fuego la Sed* (2024) es un libro que expresa la denuncia ecológica de la autora, si bien también versa sobre el mundo rural y la reivindicación de la mujer en el campo.

El poemario está organizado en distintas secciones: *En el principio allí, Nos quedan veinte para entender el sol, Los elegidos del agua, Los animales hablan, Fuimos demasiado recientes para formar parte de la historia, El día que nací mi abuelo plantó un peral, la palabra lenta* y *Avistamientos*. Un total de 46 poemas donde la autora habla del cambio climático y da voz a animales y plantas explorando el profundo dolor infringido por los seres humanos a la naturaleza.

María Sánchez plantea en sus escritos una forma de dialogar con los seres no humanos y el territorio en una situación de igualdad: "soy un organismo como cualquier otro" (Sánchez, 2017, 27) llega a afirmar. En su relación con la naturaleza la ternura tiene un valor fundamental para la autora, quien encuentra que en una relación respetuosa con el medioambiente otro mundo es posible: "escribo la palabra *ternura* y pienso en estar pendiente de lo que pisamos, de los animales y los sembrados. Creo en ella, en sus gestos y sus formas" (Sánchez, 2020, 81).

La autora denuncia asimismo la crisis ecológica y el cambio climático, consecuencia de la acción abusiva de los seres humanos sobre la naturaleza. Llama la atención particularmente la insistencia de la autora en torno al tema de la sequía y el calentamiento global del planeta:

¿Dónde queda ahora el agua?
¿Por qué nos esquiva?
¿De quién es esta historia?
¿A quién debemos contársela?
¿Dónde se esconderán los pájaros mañana? (Sánchez, 2024, 19)

Y también:

Ya no llueve no
ya no llueve como antiguamente
una y otra vez repiten los mayores

> ellos nacieron
> antes del fin
> ellos se convertirán en ancestros
> nosotros en fantasmas (Sánchez, 2024, 37)

La autora también denuncia la falta de sensibilidad por parte del género humano ante la destrucción de la naturaleza, la pérdida del sentido de pertenencia a la tierra:

> Cuando alguien muere
> lloramos
> formamos parte del ritual
> nos abrazamos nos entregamos
> sin mesura
> a la despedida
>
> por qué no puedo hacer lo mismo
> con un arroyo
> un sendero un pantano
> una dehesa una familia de árboles
> un rebaño un árbol
> un ser que se desvanece (Sánchez, 2024, 23)

María Sánchez plantea también en sus poemarios una fusión entre la naturaleza y el yo poético: "tengo el corazón de vaca/ tengo los dientes de perro/ tengo la placenta de yegua/ tengo el vientre lleno de leche de gato/ para las crías que invento" (Sánchez, 2017, 61). En esta misma línea, la autora se hace eco en su literatura de novelas como *Canto yo y la montaña baila* de Irene Solà, precisamente por esa relación simbiótica entre humano y naturaleza que la autora catalana plantea en su novela:

> Me gusta pensar que podría ser la cordillera que habla en *Canto yo y la montaña baila*, el libro de Irene Solà, la canción del suelo, la nana de un universo subterráneo para todas las criaturas que alberga y mece en su espalda. Un cuerpo lleno de musgo, de lodo, en el que pueden suceder todas las formas distintas y múltiples del frío (Sánchez, 2020, 116).

Al hilo de esta sintonía con la obra de Solà, quien en su novela da voz a los animales y a las montañas, María Sánchez deja hablar en su poesía a árboles, lobos, ballenas, peces, jilgueros o cuervos, que denuncian la acción humana sobre la naturaleza. Esto podemos verlo, particularmente, en su poemario *Fuego y la sed*:

> Nuestra libertad fue
> el arroyo que ensuciasteis (Sánchez, 2024, 54)

O:

> Nos quedamos aquí
> en el espejismo de un río que no será
> heredamos las heridas
> que existían antes que nosotros
> de otras manos de otras tierras
> [...]
> quien nos recordará
> serenos callados apacibles
> poseedores de la fortuna
> aquellos que no fueron domesticados
> hoy el lenguaje no nos basta
> para habitar esta loma (Sánchez, 2024, 48)

María Sánchez no cae, sin embargo, en una imagen idealizada de la relación del hombre con el campo: "solo heredamos/ los síntomas y el frío/ el cuerpo punzante,/ la misma lástima en las manos" (Sánchez, 2017, 49). La vida del campo entraña ternura y serenidad, pero también es un espacio de sangre y crueldad:

> Hay barro donde estaban las gallinas.
> Cómo recuerdo sus manos despellejando a la liebre.
> Acción:
> acción y delicadeza (Sánchez, 2017, 17)

María Sánchez propone, asimismo, una recuperación de lo rural desde el orgullo y la conciencia de la diversidad. La autora expresa en sus poemarios y en sus ensayos un redescubrimiento de espacios, formas de hacer y de vivir que son muy distintas entre sí, y apuesta por darle voz a toda esta diversidad, que también relaciona con el propio lenguaje:

> ¿Cómo es posible que algo de lo que debemos sentirnos orgullosas, nuestra diversidad de lenguas, su riqueza, sus tonos, sus acentos, sus palabras, haya sido durante tanto tiempo un motivo para avergonzarse y esconderse? ¿Por qué ese maltrato continuo a una cultura y un patrimonio vivo y fundamental? (Sánchez, 2020, 40).

Adicionalmente, María Sánchez critica en su obra literaria la visión de lo rural que se transmite a través de la literatura y la prensa de personas que apenas conocen el mundo rural. La autora subraya que el campo no es la España vacía, sino todo un conjunto de personas y formas de vida que tienen voz y merecen ser escuchadas:

> Seguimos escribiendo de nuestro medio rural desde las grandes ciudades, cayendo en la idealización, en esa postal plana y bucólica que no termina de romperse […] Es maravilloso ver que el medio rural "está de moda", pero produce impotencia asistir a una ola de columnistas de verano y de fin de semana sin relación ni una preocupación seria por nuestro medio rural (Sánchez, 2019, 53).

También clama por la igualdad de derechos a nivel educativo, sanitario y cultural para las personas que, como ella, proceden del mundo rural:

> Desde las ciudades hemos visto como algo normal que la gente de nuestros pueblos no tenga el mismo acceso a los servicios básicos. Sanidad, educación, cultura, infraestructuras. A los que, a pesar de todo, se quieren quedar, los hemos dejado solos. Y lo que menos necesitan esos hombres y mujeres del campo es una literatura "rural" que los rescate. Porque no necesitan ser salvados (Sánchez, 2019, 54).

Así queda reflejado por ejemplo en su poemario *Cuaderno de campo*, donde la poeta invita al lector a conocer la verdadera vida del campo, con toda su pureza, pero también con toda su crudeza:

> Venid que yo os enseñaré a tener siempre hambre
> venid que yo os enseñaré qué es la verdadera pureza
> venid que yo os enseñaré sobre anatomía y animales
> venid que yo os enseñaré a elegir bien entre la carroña […] (Sánchez, 2017, 60)

La memoria y la palabra como medio de reivindicación de lo rural

La memoria y la palabra tienen un papel fundamental en la reivindicación que María Sánchez hace de la vida rural en su obra literaria. Tal como afirma la autora:

Nuestros pueblos se deshabitan a la vez que dejan de oírse y usarse términos muy ligados a sus orígenes [...] Han dejado de resultarnos cercanos, convirtiéndose la mayoría en huérfanas y desconocidas. Si no las cuidamos, muchas morirán con nuestros mayores y nuestros pueblos (Sánchez, 2020, 29).

La palabra y, en particular, la palabra poética se convierte en el elemento clave para mantener viva la cultura del medio rural, para hacerla presente y perpetuarla en la memoria. El poemario *Cuaderno de campo* y, especialmente, su ensayo *Almáciga: un vivero de palabras de nuestro medio rural*, resultan un espacio de reivindicación de palabras que pertenecen a la cultura de nuestros pueblos, de la vida del campo:

> [Esta Almáciga es] Un punto de encuentro. Una ceremonia para volverse semilla, raíz, apero, injerto, territorio. Una mano que se tiende tranquila y sin reproche y abraza a los medios rurales y urbanos. Un nuevo lenguaje para atrochar caminos y veredas entre campo y ciudad. Un sustrato donde esas expresiones descansen; una semillera para recuperar sus palabras y sus significados (Sánchez 2020, 29).

Las palabras funcionan así en la obra de María Sánchez como semillas que, conservadas a lo largo de tiempo, y transportadas, como hacen los animales, pueden dar fruto en otros muchos lugares y personas. De hecho, una de las apuestas más interesantes en la obra literaria de María Sánchez y, particularmente, en su poesía es la forma en que la autora integra la escritura y el trabajo en el campo en su literatura. La autora concibe la palabra literaria como una materia orgánica que es capaz de dar fruto en ambientes y personas muy diversas: "La palabra como semilla, como materia orgánica. Y la escritura como una azada que se hunde en la tierra, como las trochas, esos caminos que abren los animales para moverse por el monte" (Sánchez, 2020, 32). La autora aúna así en su escritura sus dos ocupaciones vitales, el trabajo en el campo y la literatura. Escribir es un ejercicio laborioso, que implica a todo el cuerpo, que requiere paciencia, tesón, un trabajo como el del campo, cuidadoso en la selección de las palabras y la eliminación de otras:

> Escribo y siento como si trabajara a la vez con una azada. Escribir como desperdigar semillas con las manos. Escribir como apretar con decisión la tierra tras la siembra. Escribir como abrirse camino entre la maleza, como quien decide cuáles son las malas hierbas y cuáles las que no. Escribir, volver a escribir, corregir ..., dando así agua y nutrientes a unas palabras sobre otras, haciendo posible una canción, un cuento o un poema. Y sigo, sigo escribiendo y doy con palabras que huelen a barro, palabras que se llenan y

crecen con lombrices que esperan sigilosas la siembra y las manos. Escribo y me viene el terruño, todas estas pequeñas parcelas pisadas y trabajadas por los que me antecedieron. Escribo y quizás por eso sobreviven en mí la textura y el olor de unas patatas recién arrancadas de la tierra. Esa compañía que de repente hacen esas manchas que surgen en la ropa que se dobla sobre el regazo para los alimentos que se guardan y empiezan a moverse acompasados con el ritmo del cuerpo que se inclina hacia la tierra y con la propia respiración. Esos gestos, esos retales de tela, esas botas y delantales que forman parte de lo que recordamos, podría escribir incluso muy segura y sintiéndome muy reconfortada si elijo la palabra *genealogía* (Sánchez, 2020, 76–77).

Así lo expresa la autora también en su poemario *Cuaderno de campo* donde la palabra crece como una montaña, surge de la tierra hasta convertirse en un destello iluminador, en una suerte de epifanía:

>Una palabra
>como el fantasma que asusta
>y huye resbaladizo
>[...]
>una montaña
>que crece y crece
>se hace forastera
>hermana y enemiga
>infinita
>
>un halo de luz
>o simple destello
>que surge de una mano que comienza a escribir
>(Sánchez, 2017, 35).

Para María Sánchez, la poesía, la escritura, es un terreno donde guarecerse y alimentarse (Sánchez, 2020, 143). El ritmo de la escritura es además comparable a los ritmos de la vida en el campo: un espacio de calma, paciencia y cuidado, que resulta muy diferente del ritmo frenético de la ciudad:

Es legítimo reconocer el paralelismo y el cambio de ritmo entre la escritura, la vida en el medio rural y la vida que se nos impone en este tiempo. Otros tonos, otras canciones, otros ritmos. En el de la literatura, como en el campo, creo, no debería haber inmediatez. Dos mundos que, a primera vista, parecen tan distantes pero que comparten tanto. Los destellos, las semillas, el cuidado, la calma, la paciencia mientras ves crecer y cuidas todas las multitudes que nacen y se extienden y prosiguen a pesar de. Bellas o crueles, parten de una mano que cuida y que tienen un mismo fin: el de la supervivencia (Sánchez, 2019, 20–21)

En algunos textos la autora también establece una relación entre el ejercicio de la escritura y la disección, fruto de su experiencia como veterinaria de campo:

> Aunque no lo parezca, la disección y la escritura comparten muchas cosas. La paciencia es una de ellas. Tanto las palabras como con el bisturí, a base de probar y equivocarse, terminas algo que te convence (Sánchez, 2019, 167).

De ambas comparativas se desprende que María Sánchez concibe la escritura literaria como un medio de expresión de la intimidad que requiere de paciencia y trabajo, una labor meticulosa de selección de la palabra, de corrección y precisión, que está íntimamente relacionada con su identidad, con su relación con el mundo del campo.

Es en este espacio donde la autora encuentra un semillero de palabras que recuperar, a las que siente la responsabilidad de perpetuar, de ahí que quiera emplearlas en su poesía y ensayos. Es particularmente interesante a este respecto su proyecto *Almáciga. Un vivero de palabras de nuestro medio rural*, que ya hemos citado con anterioridad, y que tiene su origen en una iniciativa web https://xn--almciga-jwa.es dirigido por la propia autora, donde el público puede enviar palabras relacionadas con la vida del campo con la idea de recuperarlas y darlas a conocer:

> Las manos que preparan la tierra no solo implican decisión, empeño, atención y movimiento. En ellas, además del sustrato y las semillas, se guardan multitud de palabras ligadas a una forma de vida que pervive a pesar de todo en nuestro territorio. Una manera de entender el medio teniendo siempre en cuenta a los demás elementos y formando parte de él como uno más: como el clima, los animales, los aperos, el agua, el mismo estrato que los envuelve y los rodea, todo lo que a la vez puede ser favorable o volverse en contra (Sánchez ,2020, 75–76).

En el proyecto han participado un buen número de personas, muchas de las cuales hicieron llegar estas palabras a la autora a través de las redes sociales e, incluso, escritas en papel: "A este vivero de palabras lo arrullaron muchas personas queridas, también otras anónimas haciéndome llegar sus palabras a través de pequeñas notas de papel escritas a mano, de viva voz y también por redes sociales" (Sánchez, 2020, 43).

Cobra por tanto mucha fuerza la imagen del rastro y las huellas que la autora explora en su obra literaria: "creo que lo vivido deja marcas, estelas, surcos, pequeños rastros. Y transforman los lugares que habitan también en pequeños organismos vivos, que respiran, crecen y laten" (Sánchez, 2020, 157) afirma y también "No, no creo que una casa pueda considerarse como una página en blanco [...] Creo que las voces y movimientos que vivieron allí también la hicieron posible, y son ellos los que siguen formando parte de ella" (Sánchez, 2020, 159). Para María Sánchez los rastros, las huellas que dejan animales y personas son un medio idóneo para traer al presente el pasado. La memoria reivindica lo que vivimos y lo que somos, lo que aprendimos de otros, nos permite ser conscientes de nuestras raíces y afirmar nuestra identidad en el mundo:

> Así la palabra pecho, así la palabra nido
> así esta sucesión de manos que han pasado
> siempre por la misma parte de mi cuerpo po-
> dría constituir una narrativa (Sánchez, 2017, 58)

El poemario *Cuaderno de campo* no es, en este sentido, sino un ejercicio de rastreo de esas huellas que conforman la memoria de la autora, las personas, situaciones y aprendizajes que arrastra desde su infancia y su relación con la tierra que la han llevado a convertirse en la persona que es hoy. Se percibe en sus textos una gran necesidad de autoafirmación y un profundo respeto por los mayores, los abuelos y abuelas trabajadores del campo, pilares fuertes en el centro del hogar:

> Era esto lo que siempre querías, ternernos a to-
> dos en la misma casa. Y vamos a dormir y oímos
> cómo crece la hierba y rumian las vacas, y senti-
> mos tus manos calientes
> [...]
> abuelo (Sánchez, 2017, 50–51).

En esta misma línea, la infancia y el hogar aparecen constantemente en la obra de la autora:

> Me pregunto muchas veces si la infancia es un espejismo. Recurro tantas veces a ella que me da miedo pensar que posiblemente la haya deformado o idealizado. Desde que tengo conciencia de mí mismo, he sabido que quería hacerme mayor viviendo como cuando era niña. Volverme adulta haciendo

el camino a la inversa, regresar a lo que me rodeaba y me hizo tener tanto apego al campo (Sánchez, 2019, 15).

Particularmente, en el poemario *Cuaderno de campo*, serán muchas las ocasiones en que la autora utiliza una voz niña o se refiere a la niñez, a su relación con sus padres y abuelos:

> Madre con qué limpio estas manchas de
> nacimiento
> si tengo un rostro en las manos
> bordado
> padre no me enseñó a huir (Sánchez, 2017, 72)

La infancia es así para María Sánchez un espacio de felicidad y aprendizaje, donde la tierra, los animales y la palabra conforman el hogar. Esto también podemos verlo en su reciente poemario *Fuego la sed*:

> [...] hoy vuelves a ser niña
> escoges una nueva familia
> de árboles y pájaros (Sánchez, 2024, 89)

Finalmente, toda la obra de la autora está atravesada por la necesidad de reivindicación de la memoria: "creo en la memoria, como en el agua" (Sánchez, 2020, 32). También de nombrar aquello que ha dejado de existir para seguir haciéndolo presente, para perpetuarlo en el tiempo: "Pero ¿quién seguirá nombrando lo que deja de existir? ¿Seguirán ahí a pesar de ya no existan y dejen de nombrarse? ¿Y quién nombrará por primera vez a lo que no se nombra? ¿Qué desencadena la primera voz y el primer hombre" (Sánchez, 2019, 18)

Feminismo y solidaridad en la obra de María Sánchez

La mujer tiene un protagonismo fundamental en la reivindicación de lo rural en la obra de María Sánchez. No en vano la autora escribió un ensayo titulado *Tierra de mujeres* (2019) donde hace un análisis de la situación de las mujeres del campo e insiste en la necesidad de denunciar su situación de exclusión, alzar la voz y mejorar sus condiciones educativas, culturales y sanitarias. El campo ha sido siempre identificado como un "trabajo de hombres" donde la mujer se ha limitado a ser sostén de la familia, los hijos y el marido. La autora se retrata, en cambio, en sus textos, también en su poemario *Cuaderno de campo*, como activista feminista y defensora de los derechos de las mujeres del ámbito rural. Afirma Frühbeck (2020) que "se puede entender la poética de María Sánchez esencialmente como una actividad de subversión que persigue el cuestionamiento de una serie de narrativas nocivas tanto para su condición femenina como para la naturaleza en general" (30).

> Soy la tercera generación de hombres que vienen de la tierra y de la sangre. De las manos de mi abuelo atando los cuatros estómagos de un rumiante. De los pies de mi bisabuelo hundiéndoce en la espalda de una mula para llegar a la aceituna. De la voz y la cabeza de mi padre repitiendo *yo con tu edad yo y tu abuelo yo y los hombres* (Sánchez, 2017, 67)

Así lo expresa también la autora en su poemario *Fuego la sed* (2024):

> Fuimos nosotras
> quienes aprendimos la historia de nuestras madres
> tocando los anillos de los árboles
>
> lo que no se quiere contar
> queda irremediablemente grabado
> en este espectro
>
> en los libros
> nunca aparecían sus nombres
> tampoco sus quehaceres (Sánchez, 2024, 31)

María Sánchez defiende en su literatura los derechos de todas las mujeres. Como ella misma afirma en sus escritos, ella es una persona que se mueve entre el mundo rural y el urbano: "este aislamiento de las mujeres es una enfermedad que ha sabido expandirse por todos los estratos" (Sánchez, 2019, 37). En *Cuaderno de campo* "nos encontramos con una mujer que consigue afirmarse precisamente en los espacios de su aparente marginación" (Frühbeck 2020, 37). Así ocurre también en su nuevo poemario *Fuego la sed* (2014), donde la autora enuncia una voz femenina militante que se presenta como altavoz de las mujeres que han de hacer frente a la urgencia medioambiental: "Guardianas sois/ herederas/ de un desierto" (Sánchez, 2024, 31).

Así, la autora hace suya, la causa feminista del ocho de marzo, si bien se lamenta porque muchas mujeres del campo no terminan de sumarse a sus reivindicaciones:

> El Ocho de Marzo de 2018 marcó claramente un antes y un después para las mujeres, para el país, hasta alcanzar todas las ciudades del territorio [...] El Ocho de Marzo, en la calle, rodeada de mujeres que sentía como una verdadera familia, noté que faltaba gran parte de mis raíces y de mis compañeras. Ellas no estaban. Faltaban. Las mujeres de nuestro medio rural. Su ausencia dolía" (Sánchez, 2019, 48 y 51)

María Sánchez se muestra consciente de que los cambios en las mentalidades machistas en el medio rural no se pueden modificar de la noche a la mañana y de que es necesario dar un margen de tiempo mayor: "No podemos exigir el feminismo que está sucediendo en las ciudades al mismo ritmo en los pueblos" (Sánchez, 2019, 54).

Junto con todas estas cuestiones, la autora reivindica la necesidad de contar las historias de las mujeres: "¿quién recogerá todo lo que una mujer escribe?" (Sánchez, 2017, 49), de dar espacio a su voz desde el medio rural, de no dejar que sean otros, los hombres, los que pongan voz a las necesidades, vivencias e historias de las mujeres del campo:

> Pero ¿quiénes son los que cuentan las historias de las mujeres? ¿Quién se preocupa de rescatar a nuestras abuelas y madres de ese mundo al que las confinaron, de esa habitación callada, en miniatura, reduciéndolas sólo a compañeras, esposas ejemplares y buenas madres? ¿Por qué hemos normalizado que ellas fueran apartadas de nuestra narrativa y no formaran parte de la historia? ¿Quién se ha apoderado de sus espacios y su voz? ¿Quién escribe realmente sobre ellas? ¿Por qué no son ellas las que escriben sobre nuestro medio rural? [...] Quizás las hijas nos hemos despertado un poco tarde, pero al fin cuestionamos y reivindicamos, tomamos el relevo con la voz" (Sánchez, 2019, 35).

La autora hace, así, en su obra un retrato de la masculinidad en el mundo rural, que corresponde, según su punto de vista, a una mentalidad heteropatriarcal, donde los hombres han de ser rudos, no tienen miedo y nunca lloran

> Que los hombres de sangre y tierra nunca lloran, no tienen miedo, no se equivocan nunca [...] A esa edad, las mujeres de mi casa eran una especie de fantasmas que vagaban por casa, hacían y deshacían. Eran invisibles [...]

Hermanas de hombres fuertes. Mujeres invisibles a la sombra del hermano. A la sombra y al servicio del hermano, del padre, del marido, de los mismos hijos (Sánchez, 2019, 34)

La autora incluye estas mismas ideas dentro de su poemario, *Cuaderno de campo* cuando afirma: "Ellos me hablan como a un hombre/ Ellos esperan de mí lo que esperan de un hombre/ Pero yo sangro. Animal o mujer: hecha de sueño/ y lágrimas" (Sánchez, 2017, 69). La literatura de María Sánchez está pues atravesada por una gran dicotomía interior: la autora ejerce un oficio de hombres, la misma profesión que tuvieron su abuelo y su padre, ha podido estudiar y formarse, mientras en su entorno familiar, las mujeres han quedado recluidas al ámbito doméstico. Su literatura es un altavoz de lucha por la igualdad de derechos para las mujeres del campo.

María Sánchez se muestra consciente de que existe una gran variedad entre las mujeres del campo: "no hay un solo tipo de mujer rural. El medio rural es diverso y no tiene una única cara y voz. El medio rural es multitud" (Sánchez, 2019, 70). Por ese motivo, se muestra comprensiva frente a la actitud de muchas mujeres del campo que aún no están preparadas para dar el paso en la reivindicación feminista:

Reivindicamos tanto una habitación propia que nos olvidamos de que muchas no podrán tenerla porque están fuera del sistema, porque para mucha gente ni siquiera forman parte del imaginario común, porque no existen los márgenes ni otras formas ni otras narrativas, porque hay que romper de una vez ese doloroso no-espacio que tienen ellas (Sánchez, 2020, 174).

Otro de los temas que la autora trata en su poemario y ensayos relacionado con la mujer es el de la maternidad. La autora afirma en sus ensayos que su madre ha sido una completa desconocida para ella durante muchos años (Sánchez, 2019, 168). Desde pequeña, la autora quiso parecerse a los hombres, ser como ellos, porque no quería verse recluida en casa como su madre. En sus escritos, la autora vuelve sobre la imagen de la maternidad de diversas formas para reivindicar el papel fundamental de su madre, de todas las madres en el mundo rural.

María Sánchez también trata en su poesía el tema de la maternidad no ejercida: "yo soy un vientre vacío, mamá" (Sánchez, 2017, 59). La autora entiende el ejercicio de su profesión como veterinaria como una forma de ejercer la maternidad: "todos los animales que he alimentado como/ los hijos que no tengo" (Sánchez, 2017, 59).

En último lugar, otro elemento importante derivada de su defensa de la vida rural y del feminismo, es la importancia que da María Sánchez en sus ensayos y en su poesía a lo colectivo: "en estos tiempos de urgencia e inmediatez, creo más que nunca en traer de vuelta y hacer reales todas las formas posibles y diferentes de lo colectivo" (Sánchez, 2020, 173). La vida en el ámbito rural es un espacio de que construye comunidad, en -el pueblo todos se conocen y se ayudan-, se caracteriza por la sororidad y la creación de vínculos entre las personas, de intercambio de ayudas. La vida rural es por tanto un espacio de aprendizaje de nuevos valores sociales, respetuosos con el medio ambiente donde las mujeres tienen un protagonismo fundamental:

> Siempre he pensado que lo radical y lo realmente innovador sucede en nuestros márgenes. En nuestro medio rural. En nuestros pueblos. Lazos nuevos, tejidos que se crean, proyectos rompedores, ideas maravillosas, asociaciones, colectivos ... y las que están detrás de todas estas iniciativas, en la mayoría de los casos, son mujeres (Sánchez, 2019, 72)

La autora encuentra aquí un punto de unión con el pensamiento ecofeminista, que encuentra en las mujeres un factor propicio para lograr un cambio en la sociedad y los modos de habitar el mundo haciéndolos más sostenibles y verdes.

En resumen, María Sánchez es una de las autoras más destacadas de lo que se ha llamado literatura "neorrural" y la defensa del medioambiente en la España contemporánea. A través de su poesía y narrativa y de sus proyectos e iniciativas la autora pone en valor la cultura rural como parte de la cultura española y denuncia la situación de precariedad y de marginación a la que sigue estando sometida la vida del campo en España. Asimismo, María Sánchez subraya la necesidad de mantener viva la cultura del campo a través de la palabra: "Pensé y creí, una vez, que las partículas tienen memoria, que los cuerpos y las palabras de los ausentes dejan estelas y huellas en el espacio" (Sánchez, 2020, 162).

La literatura se convierte para la autora en un modo de reivindicación de la memoria, de nuestros mayores y de nuestras raíces, de reivindicación de la identidad: "siempre, siempre quedan las huellas" (Sánchez, 2019, 31). También un altavoz para denunciar la emergencia ecológica que asola el mundo actual. En su poesía la autora advierte sobre la necesidad de cambiar nuestra relación con el territorio, los animales y las plantas para intentar frenar el deterioro medioambiental de nuestro planeta.

Finalmente, la autora utiliza también su literatura como una forma de empoderar la voz de las mujeres del campo: "el medio rural y las mujeres que lo habitan son las grandes desconocidas del territorio" (Sánchez, 2019, 70).

Capítulo 4
Introducción a la poesía ecológica a través de la obra de Esthela Calderón, Sara Herrera Peralta y Erika Martínez

En este capítulo nos acercaremos a la poesía de Esthela Calderón, Erika Martínez y Sara Herrera Peralta: tres poetas actuales, una latinoamericana y dos españolas, quienes a través de su obra poética nos acercan a una nueva reflexión acerca de la relación del ser humano con la naturaleza y el territorio, y nos permiten establecer algunas unas conclusiones comunes en torno a la poesía ecológica escrita en español.

Según Gala (2021) "la poesía ecológica supera la distancia que le adjudica la función de comunicar emociones y sentimientos suaves, bellos, reconfortantes, subjetivos y confronta la dureza del existir actual. Es una poesía que asume la responsabilidad de dar voz a la erosión y a su destrucción, no solo de la fertilidad de las tierras, sino de la sociedad y de la vida individual" (185). Estas características de la poesía ecológica se reflejan de distintas formas en la obra de estas tres poetas. Así, en la obra de Esthela Calderón se enfatiza la belleza de la Naturaleza, Sara Herrera Peralta nos muestra un mundo rural liberador que nos permite conectar con nuestras raíces y Erika Martínez pone más el foco en denunciar la falta de humanidad de la vida moderna.

La obra de estas autoras trata, por tanto, de enfrentar la relación con la realidad en la literatura, incorporar una perspectiva holística y trasversal, y reconsiderar el valor de la experiencia con el medio en el que se vive.

Esthela Calderón, *Los huesos de mi abuelo (Eco-poesía sin fronteras)* (2018)

Esthela Calderón es una poeta nacida en Telica, León, Nicaragua en 1970. Estudió Literatura Hispanoamericana Contemporánea en la Universidad de Alcalá de Henares. Es autora de varios poemarios *Soledad* (2002), *Amor y conciencia* (2004), *Soplo de corriente vital* (2008),

La hoja (2010), *Coyol quebrado* (2012), *Los huesos de mi abuelo* (2013), *La que hubiera sido* (2013), *Las manos que matan* (2016). Es también autora de una novela *8 caras de una moneda* (2006) y coautora junto a Steven F. White de un ensayo titulado *Culture and Customs in Nicaragua* (2008). Nuestra reflexión sobre su poesía en este libro partirá de la selección de sus poemas *Los huesos de mi abuelo (Eco-poesía sin fronteras)* publicado en el año 2018.

Afirma Roberto Forns-Broggi (2018) que en la poesía de Esthela Calderón "hay una búsqueda ancestral que abarca un tiempo intergeneracional, que es el tiempo de la semilla" (en Calderón, 2018, 9). La poesía de la escritora nicaragüense es así para el autor una celebración de la Naturaleza y, sobre todo, una reivindicación de la necesidad de protegerla. En la poesía de Esthela Calderón el lector se aproxima a un "archipiélago de árboles y plantas cuyos frutos nos atan a una historia de vida que en los poemas es una épica contra el mundo depredador y codicioso" (Forns-Broggi en Calderón, 2018, 9):

> El sonido de la primera palabra fue la de un árbol,
> y los animales y las aguas respondieron.
> El primer humano era sordo.
> No escuchó el soplo de la corriente vital.
> Desde entonces, heredamos la sordera (Calderón, 2018, 31)

La Naturaleza es un espacio donde seres humanos, animales y plantas están intrínsicamente relacionados y para la que el ser humano se ha convertido en un depredador a causa de sus acciones abusivas y la explotación descontrolada del medio. La autora cree que la Naturaleza contiene una sabiduría ancestral y que el hombre será castigado por los abusos cometidos contra ella: "Creo en el ilimitado pensamiento de la floresta/ y en la compasión incalculable de los animales/ Que aportan el orden sensato que precisa el universo.// Confío en el escarmiento brutal a nuestra especie/ por la inmerecida evolución que recibimos" (Calderón, 2018, 77).

Para Calderón (2018), los seres humanos hemos olvidado lo que somos y hemos dejado de dialogar con el mundo que habitamos. La poesía de la autora aboga por abandonar el lenguaje del rendimiento y la eficiencia y apuesta por una vuelta al diálogo con la tierra, a la atención a los ritmos naturales de la vida y el territorio, a la preocupación por el otro:

Desde el inicio todo fue claridad.
La tiniebla ha sido el gran aporte nuestro.
Inteligentes y sabios administradores de desgracias,
mutilamos los ideales del Jaguar y la Pantera.
Por mucho tiempo hemos creído en el catecismo que
   tragamos.
Somos los patanes que fabricamos un Dios
y petulantes nos adherimos al cuento de la imagen y la
   semejanza.
Si por lo menos entendiéramos la grandez de una espina
y la noble acción de expirar (Calderón, 2018, 64).

En este sentido, y tal como señala Roberto Forns-Broggi (2018), la importancia de la poesía de la autora nicaragüense reside, sin duda. "en su oposición radical a la cultura digital que lamentablemente gobierna las aceleradas sociedades actuales" (en Calderón, 2018, 10) y en su apuesta por una sociedad más sostenible fundamentada en una ética del cuidado y el respeto hacia la biodiversidad.

Junto con esto, la poesía de la Esthela Calderón es una muestra maravillosa del diálogo de la literatura con la etnobotánica, una disciplina que "promueve un rico intercambio urgentemente necesario por motivos ecológicos entre disciplinas tan variadas como la antropología cultural, los estudios del medio ambiente" (White. 2009, 95), también la literatura. La poesía de la autora exhibe "un gran jardín lingüístico con decenas de especies de plantas de una zona biótica que abarca una región más allá de un solo país centro americano" (White, 2009, 96), de su Nicaragua natal. Muchas veces en sus poemas "las plantas expresan [incluso] la tristeza de no poder cumplir su papel en la vida" (White, 2009, 100):

Creo en los amaneceres de los recios bejucos de Yagube
y las refulgentes hojas de Chacruna, cuyo espíritu de selva
ha de purgar el mundo penitente de los *Shipibos*.

Creo en el nacimiento de las Passifloras y las Magnolias
de las Calas y Alhelíes de inusitadas imágenes y esencias
que nos esclarecen la imperfección de la raza humana
(Calderón, 2018, 77)

Esthela Calderón adopta una postura de denuncia frente a la destrucción acelerada de la biodiversidad en Centroamérica (White, 2009, 96), es decir, intenta hacer visible en su poesía elementos que las personas foráneas desconocen, plantas medicinales de los pueblos indígenas, por ejemplo. En su poemario hay también, en este sentido, un claro espíritu chamánico en torno a la relación de su voz poética con la Naturaleza: la poeta se presenta muchas veces como intermediaria entre el mundo físico y el mundo espiritual:

> Anoche hablé con los Gusanos
> que se comerán mis ojos, mi lengua y mis orejas
> un día de estos a lo mejor no tan lejano.
> Por ahora mastican Amapolas y raíces de Guanábana,
> matando el tiempo hasta la caída de mi cuerpo
> acurrucado en su casa de Pino.
> Ellos dicen que no me dolerá:
> un leve cosquilleo en las uñas de mis pies
> y alguno que otro escalofrío en las tripas
> será el aviso de su minuciosa faena (Calderón, 2018, 79).

Finalmente, la poesía de Esthela Calderón surge de la "reciprocidad entre el ser humano y el medio ambiente físico" (White, 2009, 98). Sin duda, es un referente muy importante para la ecopoesía actual y para la literatura que reivindica una nueva relación de los seres humanos con el medio natural. También desde la perspectiva ecofeminista: la poesía de Esthela Calderón indaga en la violencia contra la mujer que se identifica en su poesía con la violencia contra la Naturaleza:

> Sábado.
> Manojo de Reseda y Gardenia
> le arranca de su pelo y cae el camino.
> Ella abre la boca y grita.
> Él le abre las piernas en medio de la huerta.
> En abril los Madreados retoñan y florecen.
> Domingo.
> Manojo de Reseda y Gardenia
> Prepara un baño luminoso
> con abundantes retoños y pétalos.
> Ella, crecido vientre, abre la boca
> y anuncia el nacimiento
> de una nueva letanía (Calderón, 2008 citado en White, 2009, 107)

Sara Herrera Peralta, *Un mapa cómo* (2022) y *Caramelo culebra* (2019)

La poesía de Sara Herrera Peralta presenta algunas características similares a las de Esthela Calderón, si bien en su caso cobran especial protagonismo conceptos como "liberación" y "conexión", asociados ambos al mundo rural y a la naturaleza.

Sara Herrera Peralta es una poeta nacida en Trebujena, Cádiz en 1980. Actualmente, reside en un pequeño pueblo del departamento de Le Lol llamado Cazals en Francia. Es autora de hasta doce libros de poesía cuyos últimos títulos son *Un mapa cómo* (Finalista del XXIX Premio de Andalucía de la Crítica, 2022), *Caramelo culebra* (2019) y *Hombres que cantan nanas al amanecer y comen cebolla* (2016). También es autora de una novela *Arroz Montevideo* (2016). Ha recibido diversos premios y reconocimientos, como el Premio Internacional de Poesía Joven Martín García Ramos, el Premio Ana de Valle o el Premio Carmen Conde de poesía.

En este capítulo abordaremos, fundamentalmente, los dos últimos poemarios de la autora, es decir, los mencionados *Un mapa cómo* y *Caramelo culebra*, donde Sara Herrera Peralta trata de un modo más intenso el tema de la vida del campo y la vuelta a lo rural. La publicación de estos dos libros corre pareja del traslado de la poeta junto a su familia a una casa en el campo en el departamento de Le Lot donde actualmente sigue desarrollando su actividad como escritora: "vivo junto a un bosque compaginando trabajo, estudios, escritura y maternidad. Aprendo también a cultivar un jardín o un huerto, a cuidar de nuestras gallinas o a hacer con las manos" (Herrera, 2023a, s.p.). Parte de todo eso está presente, además de en su poesía, en su proyecto *Du bois à la maison* https://www.duboisalamaison.com/ (Herrera, 2023b) en torno al medio rural, la creatividad y la crianza:

> Empezamos el blog como proyecto familiar, para contar y compartir con los amigos nuestra nueva vida, todo lo que vamos aprendiendo en el huerto, el jardín, con la vida rural en general. También compartimos recetas de cocina sin gluten (soy celiaca y me encanta cocinar) y en un principio queríamos tener otras ventas: una sección para libros que íbamos leyendo, los proyectos de fotografía de mi marido, las escapadas a otras zonas de Francia ... (Herrera en Gilabert, 2022, s.p.).

Para Sara Herrera Peralta la poesía es una necesidad, una manera de comunicarse consigo misma y con los demás (Herrera en Gilabert, 2022). En su literatura hay mucho trabajo de la memoria "me horroriza la amnesia, la personal y la colectiva" (Herrera en Gilabert, 2022, s.p.), afirma la autora, además de reflexiones en torno a la maternidad, la cotidianidad, las tareas domésticas y el propio ejercicio de la poesía. La poesía de Sara Herrera Peralta habla, además, "de la vida y de la muerte como algo inevitable" (Herrera en Gilabert, 2022, s.p.)

En relación al tema que nos ocupa, la vuelta a lo rural y la preocupación ecológica en la poesía contemporánea, la obra de la autora resulta especialmente significativa. Tanto en *Caramelo culebra* como en *Un mapa cómo*, Sara Herrera Peralta identifica la vida en el medio rural con un espacio de libertad, una nueva conexión con el territorio que se hacía imposible en la ciudad: "Quiero que me veáis marchar/ en busca de la siembra/ hacia otra vida más alta" (Herrera, 2019, 49) y "estuve años sin saber cantar una nana./ Ahora, en cuclillas, junto a las raíces,/ observo las hojas/ de los árboles grandes del jardín" (Herrera, 2019, 50).

A lo largo de sus dos poemarios, y de modo especial en *Caramelo culebra*, la autora muestra la precariedad de la vida de la ciudad, donde las personas están abocadas a tener un estilo de vida altamente insatisfactorio, donde la prisa y la eficiencia se han adueñado de su día a día: "Has de ganar mil euros/ has de ser joven y poder divertirte,/ ir a los museos,/ a las salas de conciertos,/ Parecer *grunge* o *vintage*/ y comer *donuts* sin gluten" (Herrera, 2019, 32). Al final de *Caramelo culebra* la autora abandona, sin embargo, la ciudad y encuentra en el entorno rural una nueva conexión con la Naturaleza, lo que supone también un encuentro con las raíces, con lo originario: "La nieve que he visto en este pueblo/ no se parece a aquella que se vuelve gris/ en las grandes ciudades// ¿Qué quiere decirnos la Madre Tierra?" (Herrera, 2019, 57) y "Ya te amo y la rama no existe/ Tanta ternura y tanto miedo/ como la abuela con su mano temblando/ pelando las patatas" (Herrera, 2019, 58).

La poesía de Sara Herrera Peralta es también, en este sentido, una reivindicación del pasado y de nuestros mayores. Las plantas, los árboles, son un instrumento fundamental para la memoria, son testigos privilegiados de lo vivido, una fuente de sabiduría para las generaciones actuales: "Todavía hoy los pájaros/ comen de esa tierra./ Me pregunto si los árboles se sostienen,/ si oyen las voces de quienes fallecieron" (Herrera, 2022, 14) y "Los ancianos dicen/ Que quienes mueren/ pisando la tierra/

pertenecen a ella para siempre,/ hablan a los árboles,/ dan de comer a los pájaros" (Herrera, 2022, 14).

La autora rememora en diversas ocasiones a lo largo de su poemario *Un mapa como* (2022) a sus abuelos, particularmente a su abuela, refiriéndose asimismo a episodios dolorosos de su familia relacionados con la experiencia de la guerra civil: "Las caderas mías crujiendo,/ yo imaginando las patatas llenas de tierra/ cuando la abuela recordaba:/ *oía las bombas y echaba a correr.*/ Bajo un olivo, contaba piedras/ y brotes bajo los árboles./ Luego rezaba:/ *que pase pronto, que pase pronto*" (Herrera, 2022, 45). La poesía es, por tanto, para la autora un medio para no olvidar a los seres queridos, sus vivencias, aquello que nos enseñaron.

Por otra parte, la conexión de la autora con la tierra y el medio rural queda intrínsecamente relacionada también en sus poemarios con la experiencia de la maternidad: "Los niños dicen del huerto/ lo mejor, ni las plantas ni los esquejes,/ por ahora, pasar tierra de un recipiente a otro" (Herrera, 2022, 47) y "Los niños ahora me enseñan/ a estar en el presente./ Las plantas, sin embargo,/ contribuyen a trabajar la ausencia,/ son importantes para la memoria:/ también así se escribe" (Herrera, 2022, 57). Los poemas de Sara Herrera Peralta están repletos de referencias a sus hijos, a los que la autora dedica algunos de sus poemas y a los que espera alimentar a través de su escritura, una escritura que rememora sus raíces, que se parece a los árboles porque quiere mantener de pie la sabiduría de las generaciones que vivieron antes que nosotros.

Asimismo, como María Sánchez, la autora muestra una conexión entre el ejercicio de la escritura y el trabajo en el campo, "Pienso que detrás del jardín/ o del huerto/ hay algo de escritura:/ se forma sobre la vida/ y busca belleza/ pese a todo" (Herrera, 2022, 46). La poesía, como el trabajo con la tierra, es fruto de un trabajo arduo y artesanal, que requiere cuidado diario y paciencia.

Finalmente, la reflexión de Sara Herrera Peralta en torno a la vida del medio rural también es eminentemente femenina y feminista. Su poemario *Un mapa como* está preñado de referencias a las mujeres trabajadoras del campo y la reivindicación de su papel a lo largo del tiempo: "Nunca hubo suficientes mujeres/ en el pueblo y, sin embargo,/ tanto trabajo// Cierra los ojos al recordarlas/ poniéndose de rosillas,/ con las manos hundiéndose/ en la tierra" (Herrera, 2022, 16) y "Que las mujeres y las niñas/ reciten de memoria a los pies de la montaña/ la canción de la víbora libre" (Herrera, 2022, 18).

Erika Martínez, *La bestia ideal* (2022)

Para finalizar este capítulo dedicado a la poesía ecológica nos adentramos en la obra de Erika Martínez. En este caso, la autora no centra su discurso en ensalzar la naturaleza o el mundo rural, sino que prima en su lírica la crítica social hacia un mundo moderno deshumanizante. Se trata, por tanto, de un buen complemento a la obra de Esthela Calderón y Sara Herrera Peralta en nuestro análisis de las distintas dimensiones de la poesía ecológica

Erika Martínez (Jaén, 1978) es una poeta española residente en Granada, profesora de literatura en la Universidad de Granada. Tiene publicados varios libros de poesía: *Color carne* (Premio Poesía Joven Radio Nacional de España, 2009), *Lenguaraz* (2011), *El falso techo* (2013) (seleccionado entre los cinco mejores poemarios del año por los críticos de *El Cultural*), *Chocar con algo* (2017) y *La bestia ideal* (2022).

La perspectiva ecológica en la poesía de Erika Martínez ya ha sido estudiada por Candelas Gala (2020) en su capítulo "Ecofeminismo y ecopoética de la materia: la poesía deslenguada y deslugarada de Erika Martínez" en tres de sus poemarios: *Color carne, Lenguaraz* y *El falso techo*. En opinión de Gala (2020) en estos tres libros "Martínez busca aproximar lo material y lo discursivo y superar el modo de pensar basado en dualismos" (262) (mujer-hombre; Naturaleza-sociedad; cuerpo-mente), lo que aproxima la lírica de la autora a posturas ecofeministas.

En este capítulo nos centraremos, por tanto, en comentar algunos elementos del su último libro, *La bestia ideal* en el cual la autora integra algunas de las preocupaciones medioambientales que se vienen señalando en la poesía contemporánea actual escrita por mujeres.

Como señala Romero (2023a) "*La bestia ideal* es un conjunto extraordinario de poemas en prosa que hacen de la incertidumbre un territorio propio y compartido, donde aceptar las dudas, los miedos, la indignación, los deseos más extraños y los actos de amor incomprensibles como parte de un juego sin final" (s.p.). De este poemario se ha destacado su "omnipresente ironía" (Romero, 2023a, s.p.) y cómo sus poemas conjugan "observaciones realistas, fábulas extravagantes, anécdotas biográficas entrecortadas, aforismos, metáforas rotundas y desconcertantes, sueños, reflexiones contradictorias, diálogos imposibles" (Romero, 2023a, s.p.). El poemario recorre distintos temas que permiten a la autora hacer una suerte de radiografía del presente, que da cuenta de las propias contradicciones personales y generacionales (Romero, 2023a).

En lo que se refiere a la presencia del tema ecológico, el poemario de Erika Martínez reúne algunos elementos que es interesante destacar ya que introducen cuestiones que conectan la preocupación medioambiental con la crítica social.

En concreto, la autora critica en este libro la sociedad del lujo y la explotación capitalista. También la explotación turística de España, por ejemplo: "¿Cuándo empezó a asustarnos lo que sale del cuerpo? El ámbar/ gris que excretan las ballenas producirá unos éxtasis muy/ caros en gotas de Chanel número 5" (Martínez, 2022, 67) y "El turismo le rinde culto al aura postiza de lo ajeno y, sin embargo, se teme que británicos disfrazados de británicos salten tantas veces de sí mismos que acaben desplazando las líneas de flotación" (Martínez, 2022, 35)

La autora denuncia ferozmente la situación del ser humano contemporáneo, convertido en una máquina de producción y eficiencia: "Trabajas como una bestia, pero lo que produces cruza por tu/ cabeza moviendo su figura mucho antes de ponerte a trabajar" (Martínez, 2022, 18).

Erika Martínez nos presenta también una profunda preocupación por la situación de los trabajadores del campo, a la vez que critica a las grandes empresas de explotación agraria y a la industria alimentaria que permite mutaciones de frutas y verduras en los invernaderos:

> Las bombas rugen mientras la extraen a diez metros bajo tierra
> y la dosifican, mediante nuevas técnicas de riego por goteo,
> sobre raíces de lechugas colgadas al aire
> o directamente sobre la arena, que la retiene en un sustrato del
> que emergen matas de pepinos, sandías, calabacines, capaces
> de cuadruplicar su velocidad de crecimiento gracias a las cualidades de una semilla modificadas y al calor
> de ese recinto sin aberturas donde se evapora y mezcla con el
> sudor de quienes fumigan y a veces condensa (el medio es óptimo para la refracción del sol) hasta formar aquel brevísimo arcoíris

> que una persona encorvada manotea como si fuese una
> compensación tramposa o un simple insecto, tratando de
> imaginar en mitad de la faena a qué sabía un tomate,
> cuánto
> pesa un bolsillo y cómo se verían desde la luna, mientras
> arden, treinta mil hectáreas de plástico (Martínez, 2022, 27)

La poesía de Erika Martínez nos muestra por tanto que la preocupación medioambiental y ecológica no se limita a aquellas autoras que centran sus poemarios en ensalzar o defender la Naturaleza y lo rural, sino que es un tema de profundo interés para toda una generación de poetas jóvenes, interesados por la situación medioambiental y social a la que se enfrenta el mundo contemporáneo, y que denuncian el sinsentido de la vida moderna.

En resumen, la poesía de las autoras Esthela Calderón, Sara Herrera Peralta y Erika Martínez presenta semejanzas en el tratamiento del tema ecológico, medioambiental y rural. Esto las convierte en referentes de la ecopoesía en el ámbito hispánico contemporáneo. Por una parte, las tres autoras, y especialmente Esthela Calderón y Sara Herrera Peralta, utilizan su poesía como modos de reivindicación de la vida del campo como modo de vida alternativo al impuesto en las ciudades, caracterizado por la velocidad y la precariedad y enfocado a la rentabilidad y la eficiencia. Las tres autoras hablan de la necesidad de romper con estas formas de vida social, intrínsecamente relacionadas con el capitalismo económico y la sociedad de consumo y volver a mirar la naturaleza, recuperar el diálogo con las raíces y el territorio.

Por otra parte, y especialmente en el caso de Esthela Calderón y Sara Herrera Peralta, la naturaleza se convierte en un modo de preservar la memoria, de reivindicar la sabiduría de las generaciones anteriores, incluso de nuestros antepasados más remotos. La naturaleza aparece asimismo intrínsecamente unida a la maternidad y también es un espacio de reivindicación de la mujer y de denuncia de la violencia contra ella por razón de su género.

Finalmente, y especialmente en el caso de Esthela Calderón, la poesía es una ocasión para reivindicar la biodiversidad del territorio y de la alfabetización botánica de los lectores con la inclusión exuberante de un buen número de especies vegetales y animales dentro de los poemas.

Capítulo 5
Una mirada crítica al Neorruralismo: *Feria* de Ana Iris Simón, *La forastera* de Olga Merino y *Un amor* de Sara Mesa

En este capítulo dejamos atrás la poesía ecológica y nos centramos en analizar la relación entre ecología y literatura contemporánea escrita por mujeres en español a través del estudio de las novelas de Ana Iris Simón, *Feria* (2020), Olga Merino, *La forastera* (2020) y Sara Mesa, *Un amor* (2020).

Aunque diferentes entre sí, las tres novelas tienen en común que están ambientadas en pequeños núcleos rurales (unas veces ficticios y otras veces reales) que representan el territorio áspero de una España olvidada. En estas novelas, de marcado carácter realista, se exponen distintas problemáticas a través de tres voces femeninas que cuestionan las relaciones entre los individuos, la libertad, la capacidad de resistencia del ser humano, la relación entre campo y ciudad, la visión de lo rural y lo femenino y la importancia de las tradiciones y la memoria.

Ana Iris Simón, *Feria* (2020)

Ana Iris Simón (Campo de Criptana, 1991), es una periodista y autora española que ha alcanzado una gran notoriedad por su novela *Feria*, publicada en el año 2020. La escritora es además autora del cuento infantil *¿Y si fuera feria cada día?* publicado en 2023 e ilustrado por Coco Dávez.

Ana Iris Simón es columnista habitual en *El País* y una voz crítica relevante en la actualidad en relación al problema del despoblamiento de las zonas rurales en España. *Feria* es una novela de autoficción donde la autora realiza un recorrido emocional por la España de los 90, a la vez que indaga en sus raíces familiares, las diferencias entre clases sociales en España, la falta de expectativas para los jóvenes, la oposición entre el mundo rural y la ciudad o el concepto de familia.

"La idea de escribir un libro se gestó en 2019, cuando Ana Iris trabajaba en VICE y su artículo *Crecí en una familia de feriantes* causó un inesperado furor" (Giménez, 2020, s.p.). La novela presenta a una serie de personajes que forman parte del núcleo familiar cercano a la autora, sus padres, abuelos y primos, una familia que se ha dedicado tradicionalmente a la venta ambulante en ferias y del servicio de correos en su pueblo natal. La mayor parte de los miembros de su familia muestran una ideología política de izquierdas en la novela y se proclaman ateos, aunque algunos de ellos profesan la fe católica a escondidas de sus familiares más cercanos. A través de las vivencias cotidianas a lo largo de libro se nos va presentando la visión de Ana Iris Simón acerca del mundo rural contemporáneo y cómo ha ido evolucionando en las últimas décadas. También se critican los estereotipos injustos que con frecuencia se asocian al mundo rural.

La novela de Ana Iris Simón resulta interesante en varios sentidos. En primer lugar, por la crítica que hace la autora del liberalismo económico y de la globalización que, en su opinión, han hecho que España deje ser lo que era: "creo que en el libro ataco a quienes hacen del progresismo y el liberalismo algo indisociable, impugno algunas de las conquistas conseguidas en su nombre y me pregunto hacia dónde estamos yendo y en nombre de qué" (Simón en Giménez, 2020, s.p.). La autora muestra una actitud nostálgica ante la España que fue y que ya no es, hasta el punto de manifestar envidia por la vida que tuvieron sus padres en el pasado:

> Me da envidia la vida que tenían mis padres a mi edad. Cuando lo digo en alto siempre hay quien pone cara de extrañeza y me responde cosas como que a mi edad mis padres habían viajado la mitad que yo o que a ellos envidia ninguna, que tienen que hacer muchas cosas "antes de asentarse". Que ahora somos más libres y que nuestros padres no pudieron estudiar dos carreras y un máster en inglés ni se pegaron un año comiendo Doritos y copulando desordenadamente en Bruselas gracias a eso que llaman Erasmus (Simón, 2020, 19).

Ana Iris Simón adopta una actitud crítica frente a quiénes han hecho creer a los españoles que no tener hijos, ni casa, ni coche, tener que emigrar o inmigrar a otros países para encontrar trabajo son oportunidades para aprender nuevas culturas o tener nuevas experiencias y no una situación denigrante para la persona (Simón, 2020, 20–21).

Otra de las ideas interesantes de la novela, y que constituye el motivo principal por el que abordamos su estudio en este libro, es la concepción de lo rural que maneja Ana Iris Simón. Tal como explica la autora de *Feria*: "Quería explicar el mundo a través de la cotidianidad, de la costumbre, poner en valor esa mirada, esa manera de estar alejada totalmente del academicismo, que encierra una sabiduría transmitida por las historias familiares" (Simón en Giménez, 2020, s.p.). En este sentido, la vida rural es para Ana Iris Simón la manera de conectar no sólo con el origen, la infancia o las raíces, sino con lo que es o fue la auténtica España. La vida en el pueblo se mira así con nostalgia, pero se presenta también como alternativa a la realidad globalizada y precaria que ofrece la ciudad.

En este punto, la novela reivindica valores tradicionales como los de la familia, la crianza y la costumbre. La novela ha recibido por este motivo varias críticas, hasta el punto de ser calificada, por ejemplo, de "neocasticista" (Cano en Niebla, 2021, s.p.), por su insistencia en la necesidad de volver a lo popular y a las tradiciones, y por oponerse a posiciones emancipadoras como el feminismo, por ejemplo. La autora incluye afirmaciones en la novela como las siguientes: "Decir en alto lo del desear a un empotrador comportaba incluso un peligro" (Simón, 2020, 161), "La belleza siempre ha implicado y siempre implicará poder [...] por eso rara vez nos ponemos escote y los labios rojos para estar solas en casa [...] que un escote bonito es enseñado de cuando en cuando para ser visto" (Simón, 2020, 163) o también:

> Concluimos [...] que queríamos tener hijos y poder cuidarlos, no pagarle cuatrocientos euros al mes a otro para que los criara [...] y en la posibilidad de que toda mujer ame a un fascista como escribió Sylvia Plath y en que Sylvia Plath también escribió que se preguntaba si no era mejor "abandonarse a los fáciles ciclos de la reproducción y a la presencia cómoda y tranquilizadora de un hombre en casa" (Simón, 2020, 98–99).

Ana Iris Simón reivindica también una imagen real de la vida en los pueblos españoles, se muestra muy crítica con las voces de intelectuales, artistas y escritores que se apropian de elementos populares tergiversando su sentido y obvian la dureza de las condiciones del medio rural, su estigma -"Popular también es la adicción temprana al alcohol y el fracaso escolar y las casas de apuestas y eso nadie lo celebra como parte de la cultura plebeya" (Simón, 2020, 124–125)- o con aquellos que, sin pertenecer al medio rural, se consideran con autoridad para definir qué es lo popular, o qué significa ser de pueblo: "Señoritos diciéndole al pueblo lo que el pueblo es" (Simón, 2020, 126).

La autora también reclama que ser de pueblo no es sinónimo de no poseer una alta cultura: "Plebeyos son también Machado y Hernández y Lorca y mi abuelo Gregorio los recitaba a los tres, pero nadie pensaba en mi abuelo recitándolos a los tres cuando pensaba en los feriantes ni en las ferias" (Simón, 2020, 125). Ana Iris Simón quiere romper así con la imagen del pueblo poco cultivado, analfabeto o retrasado, y lo muestra como poseedor de una alta cultura, un espacio donde se propician valores que en las grandes metrópolis se venden como la tendencia a seguir: "Me imaginé entonces explicándole a mi abuela y a mi tía Ana Rosa y a la Tere y a la otra Tere y a la Manoli y a la Conchi y a la Ele que lo que llevaban haciendo toda su vida porque vieron cómo lo hacían sus madres y sus abuelas era "tejer redes de cuidados femeninos" y me reí" (Simón, 2020, 200)

Feria es, por tanto, un libro que abre debates, denunciando la modernidad y reivindicando lo local, las costumbres y la autenticidad de las raíces, también la importancia de los mayores y los niños:

> *Feria* abre debates, y eso significa que todavía la literatura nos conmueve, nos turba, nos apasiona, nos saca de los espacios de confort. Ahora bien, a veces las novelas que generan debate lo hacen porque captan un problema compartido por el grueso de la sociedad y, como los cuentos folklóricos, ofrecen una guía para resolver simbólicamente ese problema de forma ordenada, sin poner la causa que lo produce (Niebla, 2021, s.p.)

En definitiva, *Feria* nos presenta nuevamente las mismas preocupaciones e interrogantes que hemos venido observando a lo largo de este libro, reflejando quizá el sentir mayoritario de la sociedad contemporánea, siendo esta una característica que para la autora explicaría parte del éxito de esta novela (Simón en Sigüenza y Bazán, 2021, s.p.)

Olga Merino, *La forastera* (2020)

A continuación, presentaremos la novela *La forastera* de Olga Merino que, si bien presenta algunas similitudes con *Feria,* nos presenta un medio rural significativamente más hostil.

Olga Merino (Barcelona, 1965) es periodista y novelista, autora de varias novelas: *Cenizas rojas* (1999), *Espuelas de papel* (2004), *Perros que ladran en el sótano* (2012), *La forastera* (2020) y *Cinco Inviernos* (2022). Precisamente la novela que trataremos aquí, *La forastera*, recibió el

Premio de la Real Academia de la Lengua Española a la Mejor Creación Literaria.

La forastera es un texto en el que un narrador en primera persona, Angie o Ángela, una mujer ya madura, nos cuenta cómo es su vida en su pueblo natal al que regresó tras el suicidio de su pareja Nigel, un pintor londinense, y, cómo tras el hallazgo del cuerpo ahorcado del terrateniente más poderoso de la comarca en un monte cercano al pueblo, va desenterrando viejos secretos familiares que explican el hilo de suicidios y silencio que une a todos los vecinos. La novela resulta así una suerte de *western* donde se exponen los enfrentamientos entre dos familias, los Marotos (a los que pertenece Angie) y los Jaldones, quienes robaron las tierras a los primeros en el pasado.

Tal como indica Merino, la protagonista de *La forastera*, Angie, "vuelve a un lugar recóndito y le toca resistir con muy pocos recursos económicos, una casa que se le bien abajo" (González, 2020, s.p.). La novela nos presenta a unos personajes deprimidos, hastiados, con escasos recursos que viven del trabajo que les proporcionan los terratenientes de la zona, los Jaldones. Merino es en este punto particularmente realista, el pueblo donde vive Angie está prácticamente abandonado y todos los que quedan son medio parientes entre sí: "Durante siglos, estas tierras fueron una fortaleza de espaldas al mundo, a las principales carreteras y a la historia, y somos ahora tan pocos y estamos tan emparentados que cualquiera, aunque el tiempo haya difuminado los hechos, sabe quién hizo qué" (Merino, 2020, 36) y "Aquí, aunque prefieran no echar cuentas, todos somos medio parientes. Hijos del incesto. Primos con primos, tíos con sobrinas deslavazadas" (Merino, 2020, 12)

La visión de lo rural que prevalece en la novela de Olga Merino es, por tanto, la de un lugar inhóspito y deshabitado -"Así ha sido esta tierra desde que el tiempo es tiempo, espinazos rotos y jornales de miseria" (Merino, 2020, 14)- en el que sólo quedan aquellos que no han podido huir o inmigrantes que vienen huyendo de un pasado peor, como es el caso del senegalés Ibrahima y el ucraniano Vasile quienes trabajan en la tierra bajo las órdenes del capataz de los Jaldones, Dionisio:

> A Vitali, el ucraniano, le han puesto en el pueblo Blancanieves por esa piel suya tan clara, que nunca había catado nuestros veranos carniceros. Él e Ibrahima trabajan en las tierras de los Jaldones, y Dionisio, el capataz, con la conformidad del dueño, les permite vivir en una cochera de la

finca, separada de la casa y de las viejas caballerías por las bardas del huerto (Merino, 2020, 23).

El medio rural que retrata Merino está lleno de soledad, lo que aboca a muchos de sus personajes a las adicciones, como es el caso de Gabi, por ejemplo, el hermano de la protagonista, quien murió consumido por las drogas: "Mi hermano Gabi aún vivía con nosotros, y mi madre tenía que esconder el dinero en la para metálica de su cama, los billetes enrollados en un canuto con una goma" (Merino, 2020, 29) y/o a la muerte. En este punto la novela aborda con particular insistencia el tema del suicidio que en el pueblo sucede cada cierto tiempo y que son fruto de las imbricadas relaciones entre los personajes de la novela y la precariedad de la vida del campo: "aquí no mueren niños por la sencilla razón de que ya no nace ninguno, porque todo el que estaba en edad de criar se marchó hace años, muchísimos años, como hicieron mis viejos, la Jacoba, su marido y tantos otros" (Merino, 2020, 34).

La autora nos regala, no obstante, reflexiones interesantes acerca de la vuelta al medio rural como un regreso al hogar y al origen, dando valor a las raíces y a las costumbres, como ocurre en el caso de la ya mencionada novela de Ana Iris Simón: "también yo hice de la casa mi refugio, y así la quiero, con sus cicatrices, los caliches en el encalado, las goteras en la cámara y la luz pinchada de un poste del tendido. La casa está rota, como yo. No tengo lazos con casi nada y tampoco temo la soledad: mis muertos me acompañan" (Merino, 2020, 90), dice Merino en la novela.

Asimismo, como en el caso de novelas como las de Irene Solà *Canto yo y la montaña baila* o en *Por si se apaga la luz* de Lara Moreno que también serán tratadas más adelante en este libro, la vida en el campo que se describe en *La forastera* da lugar a una especial relación de los personajes con la vida y la muerte. Así, Angie, la protagonista, puede hablar con los muertos, concretamente con su madre (Merino, 2020, 39) y con el espíritu de su abuela Emeteria (Merino, 2020, 81–95) quien la pone al tanto de todo lo sucedido en el pasado en aquellas tierras y en su familia. Además, los suicidios acaecidos en el pasado en el pueblo, parecen tener una extraña conexión con el presente de la novela puesto que abocan a otros personajes a acabar con su vida del mismo modo: "La muerte les fascina. Abordan el suicidio con una naturalidad pasmosa, como si nada, como quien se arranca a hablar de la lluvia que no llega, como si no hubiera parapeto entre la vida y la muerte" (Merino, 2020, 46).

Junto con estas apreciaciones, y al igual que sucede en muchas novelas contemporáneas ambientadas en el medio rural, la vida en el pueblo implica para Merino una mayor violencia en la expresión de las pasiones y los instintos. Como ejemplos en la novela se pueden señalar los encuentros sexuales de la protagonista con el cura del pueblo (Merino, 2020, 12–13) y con Ibrahima, con quien la protagonista cohabita un tiempo (Merino, 2020, 165). También el enfrentamiento final de la protagonista con las hermanas Jaldonas quienes pretenden echarla de la finca para explotar el terreno y construir hoteles: "Me sacudo la tierra y la hojarasca del trasero. Cojo la escopeta con las dos manos y echo a andar hacia la propiedad por el sendero de polvo […] Voy a estrenarme para que las Jaldonas se enteren de que he llegado. Apoyo la culata en el hueco de la cadera y disparo" (Merino, 2020, 201).

Al igual que en la mayoría de las obras comentadas en este libro, las preocupaciones feministas tienen un claro reflejo en esta novela y se advierten importantes diferencias entre los personajes masculinos y femeninos de la historia. Así, en *La forastera* las mujeres son retratadas como individuos fuertes aunque relegadas en cierta medida a los espacios domésticos, -"Cuando vivíamos en Barcelona, mi madre limpiaba de noche, cuando había terminado de limpiar las casas de los demás, menos los domingos, que lo hacía por la mañana temprano" (Merino, 2020, 29)- dice la protagonista, por ejemplo, respecto a su madre. No obstante, todos los personajes femeninos de la novela son capaces de sostener el núcleo familiar -"Ten cuidado, despojo; las lobas sabemos dónde hay que morder" (Merino, 2020, 49), dice la protagonista de sí misma- y de llevar adelante a la familia a pesar de las circunstancias más adversas; valga por ejemplo el caso de la abuela Emeteria y su maternidad secreta. También son individuos activos sexualmente que muestran una clara conciencia de su cuerpo y sus deseos.

Por el contrario, los hombres que aparecen en la novela tienen una actitud más dubitativa en la historia. Sometidos a la aprobación de otros, eligen habitualmente la huida como medio para solucionar los problemas: "Todos los hombres escogen el mismo camino. Todos los hombres se van" (Merino, 2020, 191). Es el caso de don Julián Jaldón, el señorito Casiano y el padre de la protagonista, quienes se suicidan cuando se ven acorralados por sus dramas familiares o personales, o el del cura del pueblo, Andrés, que huye del pueblo a consecuencia de los rumores que corren por su relación con Angie. La autora también da espacio en la novela a una reflexión sobre la homosexualidad a partir de los personajes de don Julián y Dionisio y se mantiene en una actitud abierta, que no juzga: "¿Quién soy yo para juzgar? ¿Quiénes sois todos vosotros?" (Merino, 2020, 104).

En resumen, *La forastera* nos presenta una descripción diferente, más hostil y descarnada, del mundo rural, y nos ofrece así una visión complementaria a la visión quizá más positiva del mundo rural que hemos advertido en algunas de las otras obras que hemos venido estudiando en este libro.

Sara Mesa, *Un amor* (2020)

Para finalizar este capítulo nos adentramos en la novela *Un amor,* de Sara Mesa, recientemente adaptada al cine por Isabel Coixet (2023), que nos presenta una visión del mundo rural similar a la de *La forastera,* aunque en este caso el papel y la actitud de los personajes femeninos de la novela es diametralmente diferente.

Sara Mesa (Madrid, 1976) es escritora de obra narrativa, aunque también ha cultivado el ensayo (*Silencio administrativo,* 2019) y la poesía (*Este jilguero agenda,* 2007, Premio Nacional de Poesía). Entre sus libros de cuentos se pueden destacar *La sobriedad del galápago* (2008), *No es fácil ser verde* (2009) y *Mala letra* (2016). En cuanto a sus novelas se han de destacar *El trepanador de cerebros* (2010), *Un incendio invisible* (2011, Premio Málaga de Novela), *Cuatro por cuatro* (2013, finalista del Premio Herralde de Novela), *Cicatriz* (2015, Premio Ojo Crítico de Narrativa), *Cara de pan* (2018), *Un amor* (2020) y *La familia* (2022, Premio Cálamo Extraordinario).

En este capítulo nos centraremos en su novela *Un amor,* ambientada en La Escapa, pequeño núcleo rural ficticio donde Nat, una joven traductora y protagonista de la novela, se acaba de mudar. Desorientada y perdida debido a su pasado, la protagonista nos contará a través de un narrador en tercera persona cómo se adapta a su nueva situación en una casa perdida en un pueblo de pocos habitantes. Nat cuenta con la única compañía de un perro de comportamiento extraño, Sieso, el cual le regala su casero al llegar y la del resto de habitantes de la zona, Píter el hippie, la vieja y demente Roberta, Andreas el alemán y otros personajes. La novela pone sobre la mesa distintas reflexiones en torno a la vida comunitaria en el entorno rural, donde emergen diversas pulsiones en sus personajes, hasta convertir a la protagonista en una suerte de chivo expiatorio cuando la tragedia se cierne sobre el pueblo.

La novela de Sara Mesa es interesante, en este sentido, por varios motivos. En primer lugar, la autora hace un retrato de La Escapa similar al que Olga Merino hace del entorno en el que transcurre *La Forastera* y que refiere muy bien la situación de lo que se ha venido a llamar la España vaciada o vacía en la literatura reciente. La Escapa es un pueblo recóndito, donde apenas quedan habitantes y donde apenas hay nada que hacer más allá de las labores domésticas de cada día:

> Los límites de La Escapa son confusos, y si bien hay un núcleo de casitas más o menos compacto -justo donde ella está-, más allá se dispersan otras construcciones, algunas habitadas y otras no. Desde fuera, Nat no distingue si se trata de viviendas o de almacenes, si en ellas hay personas o solamente ganado. Se desorienta por los caminos de tierra y de no ser por la referencia de la tienda, que a veces le resulta más familiar que la casa que ha alquilado y en la que lleva ya durmiendo una semana, se sentiría perdida. La zona ni siquiera es bonita, aunque al atardecer, cuando se difuminan los contornos y la luz se vuelve más dorada, encuentra cierta belleza a la que aferrarse (Mesa, 2020, 14–15).

La autora retrata así la vida en el entorno rural como un espacio donde la abulia y el tedio parecen haberse instalado. También describe las dificultades de la vida en el campo, llena de casas viejas y en mal estado que parece imposible reparar.

> A pesar de las caminatas y del trabajo físico, duerme mal por las noches. No se atreve a abrir las ventanas. No es solo por los mosquitos, que la acribillan a pesar de todos los productos que ha comprado. Los primeros días, además, entraron arañas, salamanquesas y hasta ahora una escolopendra que descubrió horrorizada dentro de un zapato. Otra mañana se encontró la cocina plagada de hormigas porque olvidó comida fuera del frigorífico. Durante el día, la asedian las moscas, tanto dentro como fuera de la casa. ¿Hay solución para esto?, se pregunta. ¿O, como diría su casero, así es el campo? (Mesa, 2020, 20–21).

Sin embargo, a pesar de que *Un Amor* de Sara Mesa y *La Forastera* de Olga Merino nos describen el mundo rural de forma similar, encontramos marcadas diferencias en la actitud que adoptan los personajes femeninos en ambas novelas.

Así, Sara Mesa hace mención del miedo que siente la protagonista por vivir sola en el campo, máxime cuando su casero irrumpe en su domicilio si pedirle permiso (Mesa, 2020, 34–35) e incluso trata de agredirla sexualmente en una ocasión (Mesa, 2020, 178–179). Esta situación de vulnerabilidad de las mujeres jóvenes en el medio rural es un aspecto relevante a lo largo de la novela, observándose como la protagonista se siente incapaz de sobreponerse a las agresiones de su casero, hasta el punto de tener continuas pesadillas (Mesa, 2020, 48–49) por el temor a que aparezca por sorpresa en la casa: "A veces tiene la sensación de que el casero ha vuelto a usar la llave y ha entrado en su ausencia. No hay nada objetivo que lo demuestre, ninguna cosa cambiada de lugar ni restos de su paso, pero la mera posibilidad -una posibilidad real, como ya ha visto- tiene peso de sobra de angustiarla" (Mesa, 2020, 48). Nat es además una mujer maltratada -"Cuando era niña, un hombre, un vecino, abusó varias veces de ella" (Mesa, 2020, 97)- con lo que Sara Mesa también deja entrever una reflexión clara acerca de la violencia de género, especialmente en el medio rural.

La novela también destaca porque expone sin tapujos las dificultades de adaptación de una persona externa al mundo rural al nuevo medio. De una parte, están las incomodidades de la casa, pero sobre todo la sensación de no ser aceptada por los habitantes del pueblo, mucho más una vez sucede el ataque del perro Sieso a un niño hijo de sus vecinos más cercanos: "hasta una vulgar víbora tiene derechos de preferencia sobre el terreno. En cambio, ella, pase el tiempo que pase, nunca va a dejar de ser una intrusa" (Mesa, 2020, 59), dice en un momento Nat. También es significativo el momento en que se narra la organización de una barbacoa en el pueblo y la protagonista de la novela no es invitada: "Píter parece disgustado. Insiste en mediar. Es importante que todo el mundo se lleve bien en la comunidad. Cuando dice *comunidad*, las cejas se le elevan un poco, con solemnidad" (Mesa, 2020, 104). En este punto, parece interesante la reflexión irónica que Sara Mesa incluye en torno a los supuestos valores comunitarios que se atribuyen a la vida de los pueblos y el medio rural. En la novela son los prejuicios de los habitantes del pueblo, su incapacidad para acoger a una forastera y asumir que lo sucedido con su perro es un accidente, los que hacen que finalmente Nat abandone el pueblo.

Finalmente, otra reflexión interesante incluida en *Un amor* en torno al tema de lo rural es cómo la vida del campo exacerba los instintos y las pasiones en los personajes. El medio rural libera pulsiones que estaban ocultas en los protagonistas de la historia, especialmente el impulso sexual y la violencia. Esto es especialmente claro en la relación sexual que

Sara Mesa, Un amor *(2020)*

la protagonista establece con Andreas el alemán que, si bien al principio resulta una especie de trueque de favores, se convierte en un impulso animal de efectos devastadores:

> La primera vez, el día en que cerraron aquel extraño trato, Andreas inoculó en ella su veneno, eso es lo que pasó. Nat no era consciente de la trampa, pero cuando se vistió y se fue, lo transportaba consigo, y el veneno continuó expandiéndose por sus venas, invadiéndola con sus devastadores efectos. Desde aquel día, desposeída de su voluntad, no le quedó más remedio que volver: el veneno precisa más veneno, no hay antídoto posible (Mesa, 2020, 94).

y

Nat, la distante, impasible, brusca Nat, se ha transformado en un ser hambriento (Mesa, 2020, 96).

En resumen, a pesar de las diferencias que las separan, las novelas de Ana Iris Simón *Feria*, Olga Merino *La forastera* y Sara Mesa *Un amor* trasmiten ideas similares tanto sobre el entorno rural como sobre el papel de la mujer en él.

Respecto al entorno, las tres novelas están ambientadas en lugares rurales de la geografía española prácticamente deshabitados y se apartan de una visión idealista o bucólica de la vida en el campo. El mundo rural se plantea como un espacio de dificultades materiales que cataliza una vuelta al origen, a las raíces, y al reencuentro con uno mismo.

En este sentido se expresa también Crespo (2022) al afirmar que "el campo no es, ni en el caso de la novela de Merino ni en la propuesta de Sara Mesa, tema central" (144). Desde este planteamiento cabe reconocer que:

> Tanto la novela de Merino como la Mesa dan cuenta de muchas de las características señaladas por la crítica a propósito de esa nueva línea "neorrural", antes bien, quizás, "neoexistencial", en tanto que el campo es allí motivo, sí, pero de naturaleza emblemática, si se quiere, dado que socorre y enfatiza la íntima precariedad de sus personajes (151).

Para Crespo (2022): "El campo, pues, esa "España vacía" se vuelve, en la propuesta de estas dos narradoras, signo de soledad, de la precariedad, pero también de la capacidad de resistencia que caracteriza y ampara a las protagonistas de estas dos novelas" (152).

Respecto a la relación entre el campo y la mujer, las tres novelas comparten que la voz narrativa principal es la femenina, mujeres que encuentran en el campo el modo de ordenar su mundo interior y sus vivencias pasadas. Son todas ellas personajes rotos a los que el medio rural proporciona la soledad suficiente para reflexionar sobre sus fisuras interiores.

Junto con esto, es importante señalar que los personajes femeninos incluidos en las novelas de las tres autoras son personajes femeninos fuertes, salvo en el caso de Sara Mesa, donde la protagonista parece incapaz de actuar respecto de los abusos que recibe por parte de su casero.

Finalmente, las tres novelas ponen el acento en la situación de precariedad y abandono que sufren los pueblos españoles, siendo particularmente Ana Iris Simón la más reivindicativa en este sentido.

Capítulo 6
Lo fantástico en la Ecoficción y la literatura rural: *Por si se va la luz* de Lara Moreno y *Canto yo y la montaña baila* de Irene Solá

En este capítulo abordamos la primera novela de Lara Moreno, *Por si se va la luz* (2013) y la novela de Irene Solá, *Canto yo y la montaña baila* (2019), ya que ambas autoras tratan el espacio rural y la vida del campo de modo diferente a las novelas que hemos desarrollado en el capítulo anterior. En concreto, Lara Moreno nos presenta un universo ficcional con tintes distópicos e Irene Solà aborda el neorruralismo desde los lindes del cuento.

Como veremos a continuación, se trata de dos novelas que presentan rasgos comunes, como la conexión del espacio onírico, la muerte y la magia con el medio rural, así como el papel preponderante de la literatura en sus textos. Ambas escritoras cultivan, además, indistintamente, la poesía y la narrativa en su actividad literaria, algo de lo que hacen gala de modos diversos en su obra novelística.

Lara Moreno, *Por si se va la luz* (2013)

Lara Moreno (Sevilla, 1978) es poeta y narradora, ha recibido diversos premios y distinciones a lo largo de su trayectoria literaria, como el Premio Cosecha Eñe o Nuevo Talento Fnac de Literatura ambos en el año 2013. Entre los libros de poesía de la autora cabe destacar *La herida costumbre* (2008), *Después de la apnea* (2013) y *Tuve una jaula* (2019). En 2020 la editorial Lumen publicó, además, una recopilación de su obra poética bajo el título *Tempestad en víspera de viernes*. Entre sus libros de relatos se pueden mencionar *Casi todas las tijeras* (2004) y *Cuatro veces fuego* (2008), aunque la autora es fundamentalmente conocida como novelista. Lara Moreno es autora de tres novelas, la mencionada *Por si se va la luz* (2013), *Piel de lobo* (2016) y *La ciudad* (2022). Además, ejerció un tiempo como editora en Caballo de Troya, prestigiosa editorial en el ámbito de la narrativa española contemporánea.

Por si se va la luz (2013) es una novela coral donde escuchamos las voces de siete personajes Martín, Nadia, Enrique, Damián (quienes hablan en primera persona) y Elena, Ivana, y la niña Zhenia, con los que la autora utiliza un narrador omnisciente que habla por ellos. La novela nos narra la historia de Martín y Nadia, una pareja joven que huye de la ciudad, donde se vive una progresiva decadencia y en la que ha estallado una especie de epidemia, a un pueblo rural, animados por una organización de la que apenas se habla en el texto. En el pueblo, que está abandonado y se vive con lo mínimo, aunque aún hay agua, luz y gas, viven tres personas: Enrique, Damián y Elena, a los que se unirán más tarde, Ivana y Zhenia, quien ha sido abandonada por sus padres refugiados rusos. La novela nos sitúa así en un escenario relativamente distópico y propone ya desde sus primeras páginas una reflexión acerca de la desconexión del hombre y la mujer contemporáneos con la tierra y el medio rural y, en cierta medida, con lo esencial y lo originario. La novela también indaga en el tema de la soledad y la huida y aborda la cuestión identitaria.

La propia Lara Moreno ha explicado dónde surgió la idea para su novela. Tal como indica la autora en una entrevista para *Periodista digital* la inspiración primera de la novela surgió al hilo de un comentario que escuchó en la radio donde se hacía una oferta económica a personas que quisieran repoblar pueblos abandonados en España (Moreno, 2013, 2:12–3:35). La autora también menciona su preocupación por el cambio climático como motor de escritura de la novela, así como un interés por reflexionar en la intimidad humana y las relaciones entre las personas.

Uno de los temas fundamentales de la novela de Lara Moreno es la reflexión que la autora propone acerca de la desconexión que la ciudad y los modos de vida contemporáneos imponen sobre los individuos.

Martín y Nadia, protagonistas principales de la historia, eran personas con una vida social activa, profesor universitario él, artista de éxito ella. Martín vivía con hastío en la ciudad, una sociedad despreocupada del medio ambiente y entregada a la frivolidad y la prisa. Es precisamente este hastío, y sus deseos frustrados de vivir una vida comprometida con el medioambiente, lo que le ha llevado a trasladarse a este pueblo abandonado, un lugar del que no piensa volver y del que, en realidad, tampoco puede volver, tal como se verá en la novela.

Dice así Martín, por ejemplo:

Desde que estoy aquí me es más fácil recordar mi infancia que mi edad adulta, aunque de niño nunca conviviera con lo rural de esta manera. La ciudad ha sido mi hábitat y el de mis antepasados, esa ciudad gigante donde al principio de mi memoria existían jardines y patios con árboles en las casas de las afueras. No como estos, sino uniformes. Luego el meollo. La absorción y el derrame. Lo monstruoso. La frivolidad del ensanchamiento, esos kilómetros llenos de construcciones, de pequeñas ciudades que nunca terminaron de existir, bloques simétricos con sus instalaciones de luz y de agua, urbanizaciones parásito. Hombres parásito. Virtualidad y desorden. Es curioso que virtual y virtud tengan la misma raíz. Ahí empieza el precipicio, la estafa (Moreno, 2013, 101).

Si bien Martín es consciente de la necesidad de cambiar la relación de las personas con el medioambiente, Nadia no comparte sus apreciaciones. En la novela se mencionan los eventos sociales a los que acudía la protagonista, las drogas, el alcohol, también el uso excesivo de plásticos y cosméticos, así como el consumo de comida en envasada que Martín le critica porque contamina y genera residuos (Moreno, 2013, 240–242). Martín consigue convencer a duras penas a Nadia y la lleva consigo al pueblo.

También Enrique, a quien conocemos ya en el entorno rural, recuerda su vínculo con la ciudad –"Enrique conserva la ciudad en los ojos" (Moreno, 2013, 104) dice Martín-. Este personaje había sido filósofo en su vida anterior y tuvo un hijo a quien no conoce (Moreno, 2013, 287). El hastío de lo que dejó atrás y los problemas que tenía en la ciudad, le han llevado hasta allí: "Me quedé aquí porque fue el único sitio que encontré donde la fórmula del tiempo se desvanece. No digo que la repetición infinita de las horas no haga retumbar la angustia, pero aquel tiempo voraz que me corroía no surte efecto" (Moreno, 2013, 25) y "Romper con las reglas del tiempo y de la propiedad es la antítesis del mundo moderno" (Moreno, 2013, 25).

Respecto al resto de personajes, Ivana ha ido y venido del pueblo, siempre huyendo de alguna cuestión que sucede en la ciudad, en esta última ocasión, el estallido de la epidemia. Damián y Elena han pertenecido siempre al espacio rural y la niña Zhenia se encuentra allí por obligación.

Lara Moreno propone, por tanto, una oposición clara entre campo y ciudad desde las primeras páginas de su novela. La ciudad representa un espacio de decadencia y contaminación a la que sólo Nadia echa de menos, y que irá dejando atrás a medida que se desarrolla la trama. La vida rural es en un espacio donde las personas pueden recuperar el contacto con el origen y, de algún modo volver a la inocencia, a la niñez.

La autora no hace, sin embargo, una descripción bucólica o idílica del medio rural en el que ubica a sus personajes. Todos los que viven en el pueblo pasan calor, frío, encuentran dificultades para conseguir agua, carne y productos de primera necesidad. La vida comunitaria les permite ayudarse unos a otros con un sistema de trueques, pero se hace indispensable la ayuda externa de una pareja de gitanos que les visitan y unos ganaderos que viven próximos al pueblo. De hecho, hacia el final de la novela, la vida será haciendo cada vez más insostenible para todos a causa de la falta de agua, la muerte de los animales y de dos de los personajes fundamentales para el sistema de vida en el pueblo, Elena y Damián. La autora deja un final abierto acerca de cómo harán los personajes para sobrevivir en unas condiciones adversas.

En definitiva, Lara Moreno presenta en su novela una visión de lo rural dura, donde las condiciones de vida son difíciles, si bien nos regala momentos de gran belleza donde admiramos la perfección de la vida reducida a lo esencial. La autora deja entrever que una vida que abandona todo aspecto relacionado con la civilización no es posible: Nadia ha de echar mano de las medicinas que trae escondidas para salvar la vida de Damián (Moreno, 2013, 85), se hace necesario el uso del gas, del frigorífico, de las pilas y la electricidad.

Dos cuestiones interesantes que habría que abordar, asimismo, respecto a la reflexión que la autora hace sobre la vida en el medio rural en la novela son la idea de la vida rural como espacio colaborativo y la conexión entre la vida rural y el mundo de los instintos y la magia.

Respecto a la primera cuestión, el sistema social que Lara Moreno imagina es el de una comunidad donde unos y otros se ayudan y todos son necesarios para subsistir: Elena cuida de los enfermos y proporciona carne, Damián se encarga de las frutas, Nadia enseña a la niña Zhenia, Martín colabora con labores en huerto, Enrique administra el bar y consigue ayuda que viene de otros pueblos, etc. Todos se vuelcan, por ejemplo, en ayudar a Damián cuando enferma, estableciendo turnos para garantizar su salud y tienen establecido un sistema de trueques para garantizar la subsistencia. No obstante, este sistema de organización no es perfecto: todos colaboran porque no tienen más remedio que hacerlo para subsistir y conseguir algo de los demás. Es un sistema que además llega a un punto de quiebra cuando Elena decide no cuidar de Damián al caer enfermo una segunda vez -"He venido a decirte que no voy a cuidar de ti" (Moreno, 2013, 275)-. Afirma así Nadia en un momento en la novela:

> Está en una aldea abandonada en medio de un páramo donde nadie es de nadie y todos ¿se ayudan? ¿Nos ayudan? ¿A qué hemos venido? ¿A sobrevivir o a jugar a las comunidades? Hemos venido a jugar a las comunidades, y esto es lo que tenemos que hacer para salvarnos. Limpiarle el culo a un viejo que se muere. Cambiar tornillos por pastillas de jabón. ¿Este es nuestro nuevo trabajo? Los demás. Nosotros (Moreno, 2013, 78).

Lara Moreno parece huir, en este sentido, de la extendida idea de que la vida en el campo es un espacio propicio para una "ética del cuidado" pura porque, a pesar de que los personajes se ayudan entre sí, no todos son felices haciéndolo, sino que son obligados por las circunstancias, particularmente en los momentos de necesidad, como la enfermedad o la muerte. En este punto por tanto la autora difiere en gran medida de los planteamientos de la mayoría de autoras de literatura rural, ya que estas en generan, si bien no hacen un retrato ideal de la vida rural, sí que tienden a considerar un elemento primario en la forma de vivir de las personas del campo "el afecto y los cuidados hacia los que nos rodean. El apego y la atención. La comunidad y sus vínculos" (Sánchez, 2019, 72), siendo este un planteamiento muy diferente al que propone Lara Moreno.

Respecto a la segunda cuestión, la conexión de la vida en el campo con el mundo de los instintos y la magia, Lara Moreno nos hace ver desde las primeras páginas de la novela que el lugar al que llegan nuestros protagonistas está imbuido de una especie de misterio, de relaciones ocultas con la naturaleza que van a acompañar al lector hasta el final del libro.

En este sentido, el personaje de Elena es especialmente relevante, pues tanto en su forma de cuidar a los enfermos, con ungüentos, hierbas y masajes, como en el modo en que se relaciona con sus animales y los mata, parece reunir las características de una bruja, hechicera y curandera: "Este lugar abotarga a los lobos. El poder supremo es una bruja o una santera, aún no sé. Su sabiduría puede venir del cielo o del infierno, pero en ambos casos me suscita la más total de las desconfianzas" (Moreno, 2013, 82), nos dice Nadia. No en vano "la bruja" Elena cree ver, incluso, en la niña Zhenia, quien la espía en su casa muchas tardes, a un auténtico demonio: "[Elena] Resopla y levanta la cabeza, por fin sus ojos alcanzan el peligro: una niña rubia corre alejándose de su territorio, sin mirar atrás, el cuerpecillo de un hada de pelo dorado cada vez más pequeño en la lejanía [...] ¡es el demonio, el demonio ha llegado!" (Moreno, 2013, 195).

También Damián, quizás es el personaje más benévolo de la novela, cree que una misteriosa agua de mar acabará invadiendo el pueblo (Moreno, 2013, 231) y por eso se prepara construyendo una cabaña en la montaña y un faro, misión que encargará terminar a Nadia una vez se vea al borde de la muerte. Asimismo, Damián habla con su mujer fallecida Maruja, tiene sueños premonitorios (Moreno, 2013, 100) y se refiere a la enfermedad y a la muerte como "la Pequeña y la Grande", como si fueran personas reales a los que tiene que evitar o de los que se tiene que esconder.

Finalmente, además de acercarnos a lo mágico, el espacio rural es el terreno de los instintos, valga como ejemplo el progresivo cambio que vemos en el personaje de Martín y sus explosiones violentas para contra Nadia (Moreno, 2013, 137–140) o los encuentros sexuales de este personaje con Nadia e Ivana, donde la tierra y la suciedad también están presentes (Moreno, 2013, 104–105 y 267–268).

Tanto la conexión que Lara Moreno hace del mundo rural con el mundo de la magia, los sueños y la vida del más allá, como la identificación de la vida en el campo con el terreno de los instintos están también presentes en la obra de Irene Solà, *Canto yo y la montaña baila*, como tendremos ocasión de ver más adelante.

Resulta significativo que todos los personajes de la novela *Por si se va la luz* se encuentran solos y/o huyen de una pérdida. Martín y Nadia huyen de su propia ruptura como pareja, Enrique huye de sus responsabilidades como padre, Ivana, de su pasado en la ciudad, Zhenia ha sido abandonada por sus padres, Damián ha perdido a su mujer y Elena ha sufrido maltrato y huye del recuerdo de su hija fallecida. Es por este motivo que, más allá de la reflexión sobre el medio rural, la novela de Lara Moreno es un libro que se interroga por la naturaleza del ser humano y su vivencia de la soledad, sobre la huida como medio de enfrentar el conflicto y la complejidad de las relaciones personales.

En este punto, sin duda el personaje de Nadia y su relación con Martín es el más interesante de la novela. Nadia llega al pueblo con la certeza clara de que su relación Martín está rota:

> Aquí no tengo nada de lo que no quiero. Y lo tengo a él. A él lo quiero porque sé que no hay nada mejor. Y eso es a su vez lástima y abnegación y por

otra parte victoria. Si no hay nada mejor es que lo que tengo es lo mejor a pesar de que no me sea suficiente para ser feliz, y en este punto de las cosas ser feliz es una cuestión de estética, como el piso lleno de arte moderno que he dejado atrás, o los vestidos color púrpura suave que abandoné en el armario, con finos cinturones de charol o de leopardo, y la colección de libros de fotografía y los amigos estéticos con sus conversaciones sobre estética. Se acabó la estética (Moreno, 2013, 41-42).

Sin embargo, la protagonista de la historia no es capaz de hacer frente al hastío que le supone su vida sin Martín. Incluso cuando este le es infiel con Ivana, Nadia acepta la situación y no abandona a su pareja. El miedo a la soledad es superior a su propia dignidad como mujer y como persona:

Y quedarme sola es lo que más miedo me da, por encima de la auténtica desaparición del amor o lo demás, quedarme sola me da más miedo que morirme de hambre o de frío. Aquí las mentiras dan lo mismo, y esa ha sido mi liberación: tengo una máquina donde puedo escribir mentiras en un lugar donde la mentira no importa y en una casa donde ya todo es mentira. Martín no estaba y me asusté (Moreno, 2013, 42).

Nadia sobrelleva la soledad gracias a la literatura y a sus conversaciones con Enrique. La protagonista acude a la lectura como única puerta al mundo más allá de su entorno inmediato. En la novela se mencionan textos como *Confesiones* de Tsvietáieva, la *Obra poética completa* de Rimbaud (Moreno, 2013, 61-62), *El Impero* de Ryszard Kapuscinski -del que se reproduce un fragmento completo en las páginas 181-182-, *Poemas de amor* de Anne Sexton (Moreno, 2013, 86) y *Poesía completa* de Sylvia Plath (Moreno, 2013, 91). También en la novela de Irene Solà *Canto yo y la montaña baila* la literatura tendrá un papel muy importante. Como veremos, son los personajes protagonistas de la trama principal de la historia de Solà los que tienen capacidades literarias que los llevarán a comunicarse de un modo especial con la naturaleza y desde el mundo de los muertos.

Al final de la novela de Lara Moreno, Nadia quedará embarazada de Martín, algo que junto con la relación especial que la protagonista establece con Zhenia –"A veces somos hermanas" (Moreno, 2013, 252) dice Nadia-, parece otorgar cierta esperanza a la vida del pueblo y a los personajes al final de la novela. Sin embargo, en Nadia pervive ese deseo de volver con los suyos a la ciudad, algo que intentará de nuevo al final del relato y que no conseguirá.

Por si se va la luz reúne, finalmente, reflexiones interesantes acerca de la memoria, el pasado y las decisiones vitales: "el mundo es un sistema básico de ausencias y presencias" (Moreno, 2013, 203) llega a afirmar Martín en la novela. Los personajes se debaten entre lo que fueron, lo que son y lo que llegarán a ser, de tal manera que la autora consigue exponer un cierto problema identitario en muchos de ellos, Enrique, Martín y, particularmente, Nadia, quien nos dice:

> Lo que yo no sabía cuándo construí ese relicario es que el pasado huele, destroza, avergüenza, apesta. Y que por esa razón vamos posponiendo el momento de asomarnos a ellas, a las cajas que contienen nuestros pequeños pasos importantes, ridículos, repetidos hasta la saciedad, tanto y de tan múltiples formas, que los primeros van desvaneciéndose, deshaciéndose como cuerpos enterrados. Lo que queda es el tormento de lo que hemos sido y ya no somos o, pero aún, de lo que somos ahora y antes no éramos (Moreno, 2013, 88).

Irene Solà, *Canto yo y la montaña baila* (2019)

Como veremos a continuación, la novela *Canto yo y la montaña baila* de Irene Solà se asemeja a *Por si se va la luz* en la medida en que abundan los elementos fantásticos, pero en este caso se nos presenta una visión menos descorazonadora y más mística del mundo rural.

Irene Solà (Malla, 1990) es poeta, narradora y artista plástica española. Es autora de cuatro libros, la novela *Els dics* (2018), que se publicó en castellano bajo el título *Los diques* (2021), la novela Canto jo i la muntanya balla/ *Canto yo y la montaña baila* (2019), el poemario titulado *Bèstia* (2012) traducido al castellano como *Bestia* (2022) y la novela *Et vaig donar ulls i vas mirar les tenebres/ Te di ojos y miraste las tinieblas* (2023). Ha recibido diversos premios y reconocimientos como el Premio Nota Bene (2023), European Union Prize for Literature (2020), el Premio Maria Ángels Anglada de Narrativa (2020), el Premio Anagrama de novela (2019), el premio Punt de Llibre de Núvol (2019), el Premio Cálamo Otra Mirada (2019), el Premio Documenta (2017) y el Premio Poesía Amadeu Oller (2012). Ha sido traducida a varios idiomas

Su novela *Canto yo y la montaña baila* (2019) fue muy bien recibida por la crítica (Viéitez, 2019 y 2021) y ha sido adaptada recientemente (2021) al teatro bajo la dirección de Guillem Albà y Joan Arqué. Se trata de una novela polifónica que transcurre en las montañas del Pirineo donde se nos narra los dramas familiares de una familia formada por el campesino poeta Domènec, quien muere herido por un rayo, su mujer Sió y sus hijos Mia e Hilari, este último, también poeta, muerto trágicamente a causa de un accidente de caza a manos de su amigo Jaume. La novela ofrece, no obstante, una compleja pluralidad de perspectivas y narradores sobre estos acontecimientos, donde los límites entre real y lo onírico, la muerte y la vida, la naturaleza y el hombre quedan difuminados.

En opinión de Viéitez (2021) Irene Solà "practica una literatura sin demasiados asideros, enraizada alrededor de una noción de *cuento* que sabe merodear por los vértices del drama familiar, de lo mágico y del naturalismo" (s.p). En la novela de Irene Solà vamos a oír a hablar a las nubes que causan la muerte de Domènec (Solà, 2019, 13–18), a las mujeres del agua, acusadas de brujería en tiempo pasados, torturadas y asesinadas y cuyos espíritus vagan por la montaña (Solà, 2019, 19–26), a personas asesinadas o fallecidas a causa de la guerra civil (Solà, 2019, 81–90), a los corzos (Solà, 2019, 56–61), a los osos (Solà, 2019, 145–147), a los perros (Solà, 2019, 136–141) y a la propia montaña del Pirineo (Solà, 2019, 93–109). En el texto, la autora juega también con diversos géneros: intercala poemas y dibujos convirtiendo su texto en un espacio de experimentación y sorpresa:

> Otra cosa que me interesa mucho es el concepto del juego, aunque entendido como una cosa muy seria. El juego como idea bebe mucho del arte contemporáneo; se mezcla un trabajo exhaustivo con un espacio para pasarlo muy bien. Busco cierto factor sorpresa en las novelas, no tenerlo todo controlado, que aparezcan caminos no previstos (Viéitez, 2021, s.p).

La novela de Irene Solà transcurre, como se ha dicho, en un pueblo de pocos habitantes en las montañas del Pirineo donde algunas familias, las protagonistas de la historia, viven en casas aisladas. Desde las primeras páginas del libro la autora nos presenta así la vida del campo como un espacio salvaje e indómito, donde la naturaleza, las plantas, los animales e incluso la meteorología se confunden con lo humano y suponen una amenaza para las personas, ya sean estos hombres, mujeres o niños. Así, por ejemplo, la primera voz narrativa de la novela son las nubes que causan la muerte del campesino Domènec: "Llegamos con las tripas llenas. Doloridas. El vientre negro, cargado de agua oscura y fría, y de rayos y truenos. Veníamos del mar, de otras montañas y de toda clase de sitios, y habíamos visto toda clase de cosas" (Solà, 2019, 13). Avanzando en la lectura también oiremos hablar a las plantas y a los animales, como el corzo, el oso y el perro, quienes, de algún modo expresarán sus propias vivencias y sentimientos respecto de la relación con los humanos, siendo estos, principalmente miedo, odio y amor.

Los protagonistas de la novela también describen sus relaciones con el resto de los personajes en términos que les aúnan con la naturaleza. Una de las voces más claras a este respecto es la de Sió, la mujer de Domènec, quien en su propia forma de expresarse muestra la especial simbiosis que se da en el medio rural entre el campo y los seres humanos. Dice así, por ejemplo, la protagonista acerca del amor de su marido fallecido: "Que nuestro amor era un ángel. Un ruiseñor. Llena de la magia de la leche. Como una vaca" (Solà, 2019, 32) o de su aspecto físico "Tenía el pelo muy bonito. Dorado como el trigo y las cañas. Y mucho miedo a perderlo. Y entonces, cuando se esquilaba, se encerraba allá arriba, en Matavaques" (Solà, 2019, 33).

Otro momento importante a este respecto en la novela es la descripción del parto de Blanca, donde Sió dice a la futura madre: "los animales sabemos parir. Lo sabemos por naturaleza. Y las personas somos animales y a veces se nos olvida todo, incluso que somos animales" (Solà, 2019, 113). Irene Solà plantea así que el entorno rural es un lugar propicio para una especial relación de las personas con la naturaleza, algo que todos los seres humanos poseemos pero que hemos olvidado por nuestra desconexión con la tierra.

De esta forma, a lo largo de la historia que se cuenta en *Canto yo y la montaña baila* se puede vislumbrar una clara preocupación medioambiental por parte de su autora, por ejemplo, en relación al tema de la caza. En este sentido, es muy emocionante el capítulo dedicado al corzo, el cual interviene relatando su vida y cómo es capturado para convertirse en presa de un grupo de campesinos del pueblo, entre los que se encuentran Hilari y Jaume, quienes practican la caza como deporte. El corzo relata el miedo que siente cuando es separado de su madre y hermanos y cuando es perseguido por los cazadores que intentan matarlo. A consecuencia de este episodio se produce la muerte accidental de Hilari a manos de Jaume, su íntimo amigo y pareja de Mia, lo que da a entender la opinión de la autora acerca de este tipo de actividades.

En la misma línea, ha de destacarse el capítulo dedicado al oso, quien desde una voz narrativa violenta y agresiva, amenaza a los hombres que lo echaron de las montañas y que los cazaron sin motivo:

> Soy el oso. Soy el oso. Somos los osos. Estábamos durmiendo un sueño muy largo y nos hemos levantado. Venimos a buscar lo que es nuestro. Venimos

a reclamar lo que es nuestro. Venimos a vengar lo que era nuestro y nos quitaron [...] Temblad, hombres que nos matasteis, que nos desollasteis, que nos expulsasteis [...] Hombres que lo quieren todo, que se adueñan de todo [...] Solo los animales cobardes matan lo que no se comen (Solà, 2019, 145-146).

La naturaleza en la obra de Irene Solà tiene así un tono claramente apocalíptico, en el que los fenómenos medioambientales, las plantas y los animales quieren tomar venganza del daño que los hombres les han infringido. El discurso de la montaña es especialmente relevante a este respecto:

Ahora dejadme dormir tranquila, crías desarraigadas, malas hierbas, raquíticas tormentas, tristes árboles. Vinieron otros, siempre vienen otros como vosotros. A hacer nidos y guaridas y a taconear con las pezuñas. A criar brotes verdes en los árboles partidos [...] No me obliguéis a deciros que después [...] volverá a golpear la violencia ciega (Solà, 2019, 103-106)

Los continentes se retorcerán sobre sus cimientos. Las paredes de roca crujirán en los encontronazos, el cielo se cubrirá de repente, los ríos de lava correrán incendiándolo todo, el mar se apartará y temblará mientras estallan los volcanes y el aire se llena de humo y de ceniza. Y dejaremos de ser las montañas que éramos, las casas y las guaridas y las madrigueras y los bancales y las crestas qué éramos antes (Solà, 2019, 107).

También se ha de hacer mención del importante papel que tiene la literatura y el arte en la novela de Irene Solà. Tal como afirma la autora, la aparición de poemas y de dibujos dentro del texto tienen que ver con su propia formación artística:

Sí, creo que mi manera de trabajar tiene mucho que ver con mi formación como artista. Algunos periodistas han hecho referencia a mi formación al ver las fotografías que se intercalan con el texto de *Los diques* o los dibujos que aparecen en *Canto yo* ..., pero yo pienso que es en mi manera de trabajar donde se manifiesta realmente (Viéitez, 2021, s.p).

La literatura, particularmente, tiene una simbología clara en la novela: son los personajes que mueren en la historia los que cultivan la literatura, los que precisamente tienen una relación más especial con la naturaleza. En el caso concreto de Hilari, además, el personaje utiliza la literatura para comunicarse de algún modo con el mundo de los vivos y también con otros muertos, a los que dedica poemas de despedida.

Destaca en este punto el personaje de Palomita, que en la novela es el fantasma de una niña republicana muerta durante la guerra civil que nos cuenta la historia trágica de su familia y de los horrores que están ocultos en esa montaña, tema sobre el que también pivota toda la novela.

De esta forma, se aprecia como el tema de la muerte es un punto central a lo largo de toda novela. Frente a una visión humana, donde la muerte es algo trágico, la novela de Irene Solà presenta la visión de la naturaleza donde la muerte es un concepto mucho más relativo, forma parte del ciclo de la vida y es necesaria para dar paso a algo nuevo: "Vinieron las mujeres y nos cogieron. Vinieron las mujeres y nos cocinaron. Vinieron los niños. Vinieron los conejos. Y los corzos. Vinieron más hombres con cestos. Vinieron hombres y mujeres con bolsas, con navajas. No hay pena si no hay muerte. No hay dolor si el dolor es compartido. No hay dolor si el dolor es memoria y saber y vida. ¡No hay dolor si eres una seta!" (Solà, 2019, 41). La autora propone así:

> Empezar a ver el mundo desde una gran pluralidad de perspectivas, no todas ellas humanas, [...] relativizar una serie de conceptos humanamente comprendidos de una manera específica. El de la muerte, tradicionalmente ligado a lo trágico, lo terrible y lo definitivo, era uno de ellos (Viéitez, 2021, s.p).

Junto a esta visión relativa del dramatismo de la muerte, en *Canto yo y la montaña baila* los lindes entre la vida y la muerte quedan asimismo diluidos. En la novela vemos hablar a personajes que están muertos, como las mujeres de agua, Hilari, el hermano de Mia, o Palomita, una niña republicana muerta a causa de la guerra civil. Los muertos, incluso, tienen la capacidad de conectar con el presente, como en el caso de las mujeres de agua cuando lloran cuando se llevan el cuerpo inerte de Domènec (Solà, 2019, 26) o como Hilari, quien dialoga con su hermana Mia después de fallecer (Solà, 2019, 174–182). En algunos casos los muertos son presencias, que no quieren abandonar determinados lugares. En uno de los capítulos de la novela, Neus, otra de las campesinas del pueblo se encarga de echar a una presencia de la casa de Mia: "A veces se pueden deshacer estas cosas" -dice- "Algunas son personas. Otras no sé lo que son. Hay cosas que no se entienden. No sé adónde van cuando se van. Yo no sé si hay algo más allá. No sé nada. Pero algunas se pueden deshacer" (Solà, 2019, 122).

Resulta también interesante señalar un episodio que se relata en la novela en el que un turista de la ciudad llega al pueblo (Solà, 2019, 62–68). El personaje, de quien desconocemos su nombre, llega el día en que se celebra el entierro de Hilari, el hijo de Domènec, muerto en un accidente de caza, con lo que todos los establecimientos se encuentran cerrados y todo el pueblo acude a la Iglesia. Los habitantes no reciben al turista con la hospitalidad que él espera, a lo que el personaje aduce: "¿Qué ha sido de la bondad humana? ¿De la solidaridad? Por amor de Dios. Qué locura. Qué mala uva" (Solà, 2019, 67). El episodio del turista representa en la obra de Solà la visión idealizada de los foráneos de la vida en la montaña y el pueblo "no me extraña que la gente de aquí arriba sea más buena, más auténtica, más humana, si respiran este aire todos los días. Y beben agua de este río. Y contemplan todos los días la belleza de estas montañas mitológicas" (Solà, 2019, 63), llega a decir el personaje. La autora de la novela consigue así transmitir el contraste radical entre la vida real de los campesinos y la visión de las personas ajenas a la vida rural, a la vez que hace cuestionarse al lector por la visión antropocentrista de los espacios por parte de los seres humanos, algo que recorre toda la novela:

> Quería explorar esa noción antropocentrista, muy presente en *Canto yo y la montaña baila*, de que en ocasiones visitamos un lugar e inmediatamente nos otorgamos a nosotros mismos el sentido de esos espacios, nos colocamos en el centro. Es lo que le sucede al turista en el libro. Es cierto que se trata de un capítulo muy irónico en el que cargo fuerte contra ese tipo de figura, pero no es que me ría en específico del señor de Barcelona que sube a la montaña (Viéitez, 2021, s.p).

En la visión de lo rural que propone Irene Solà en su novela, la naturaleza se asocia, como en el caso de Lara Moreno, a un espacio donde la de violencia, las pasiones son más crudas y desnudas. Esto queda bien reflejado en los episodios de violencia de Domènec hacia su mujer (Solà, 2019, 34) o los encuentros sexuales entre Mia y Oriol, que son relatados explícitamente por la voz del perro de Mia (Solà, 2019, 136–141).

También es relevante comentar el papel de los personajes femeninos en la novela, ya que, si bien las mujeres presentes en la novela son mujeres fuertes y trabajadoras, muchas de ellas, especialmente Sió y Neus, son retratadas como mujeres maltratadas, abocadas al trabajo doméstico y al cuidado de los hijos.

Como se está poniendo de manifiesto a lo largo de los capítulos de este libro, esta imagen de las mujeres rurales como sostén del hogar es una constante en las novelas que visitan la temática rural en la narrativa contemporánea española, si bien Irene Solà introduce en su novela elementos disruptores, como la pareja de mujeres lesbianas formada por

Cristina, antigua vecina del pueblo, y Alicia, quienes deciden empezar a vivir en el pueblo con sus dos hijos (Solà, 2019, 148–156). Se da pues un claro contraste en la novela, entre las generaciones más jóvenes de personajes y las generaciones más mayores, así como entre los personajes que han salido un tiempo del pueblo a conocer otros lugares y ahora vuelven al pueblo, y los que han permanecido en él toda su vida.

En resumen, en la visión de lo rural que plantea Irene Solà, "el yo se multiplica, se funde con la materia, integra a todos los habitantes del valle, también a sus animales, sus árboles, a la tierra misma. Un yo polimórfico canta; la montaña baila." (Viéitez, 2019, s.p). La vida del campo supone para la autora un estado de conexión superior con la naturaleza y con la vida más allá de la muerte. Las mujeres del campo tienen un papel protagonista en la historia, pues son el sostén de la familia y los hijos y son las que de algún modo conectan mejor con la tierra y el campo, no en vano se habla constantemente en la novela de "las mujeres de agua": "-¿Hay mujeres de agua en el Pirineo?" -pregunta Núria, la compañera de trabajo de Jaume tras su salida de la cárcel- "-Las hay por todas partes", dice él" (Solà, 2019, 166).

Finalmente, si bien las temáticas de las novelas de Lara Moreno e Irene Solà son diferentes, ambas presentan similitudes significativas entre sí y que van en la línea de las principales tendencias que venimos observando en las obras literarias analizadas a lo largo de este libro.

En primer lugar, ambas autoras presentan la vida en el campo como un espacio duro y sacrificado, donde las privaciones son frecuentes, aunque también nos regalan pasajes de gran belleza en relación al paisaje y la relación de los personajes con el entorno.

En segundo lugar, lo rural es presentado en ambas novelas como el espacio de conexión con lo originario, un territorio salvaje, donde los instintos y las pasiones están más exacerbadas, donde la sexualidad, por ejemplo, se vive desde una perspectiva más primaria, más animal incluso. Asimismo, la vida rural está más conectada en ambas novelas con el espacio de lo onírico, la brujería y la vida más allá de la muerte.

En tercer lugar, ambas novelas la literatura tiene un papel primordial en la conexión de los personajes con la naturaleza, ya sea como medio para paliar la soledad de la vida del campo, ya sea como modo de comunicación con la naturaleza o como puente que se tienden entre el mundo de los vivos y de los muertos. La literatura permite a los personajes trascender lo inmediato y lo físico y conectar con un espacio ignoto donde habitan nuestros antepasados y seres queridos.

Para terminar, ambas novelas exhiben una clara conciencia medioambiental. Ambos textos tienen también en común que las protagonistas principales de sus historias son mujeres, muchas veces violentadas de algún modo por los hombres, si bien conviven con otros personajes femeninos, que ofrecen una visión de la mujer más fuerte y en íntima conexión con la naturaleza.

Capítulo 7

El apocalipsis climático en el contexto de la narrativa distópica del siglo XXI: *Mugre rosa* de Fernanda Trías

Por último, para completar este recorrido por una serie representativa de obras literarias contemporáneas en español escritas por mujeres y de marcado mensaje ecológico, se hace necesario profundizar en la narrativa distópica, para lo cual estudiaremos la obra *Mugre rosa*, escrita por Fernanda Trías.

Fernanda Trías nació en Uruguay en 1976, es autora de 5 novelas, *La azotea* (2001), *Cuaderno para un solo ojo* (2002), *La ciudad invencible* (2014), *No soñarás flores* (2016), *Mugre rosa* (2020) y un libro de relatos, *El regreso* (2012). Ha recibido diversos premios: Premio a la Cultura Nacional de la Fundación Bank Boston (2006), Premio para Escritores Latinoamericanos, organizado por Revista Eñe, Casa de Velázquez y la Secretaría General Iberoamericana (2017) y el Premio Sor Juana Inés de la Cruz (2021), el cual reconoce el trabajo literario de las mujeres en el mundo hispano desde 1993.

Mugre rosa es, por tanto, la última novela de Fernanda Trías, y relata la historia de una mujer que sobrevive en una epidemia desatada en una ciudad portuaria de Uruguay, muy parecida al Montevideo natal de su autora. A pesar de la amenaza, la protagonista no abandona la ciudad y nos cuenta cómo es su día a día en medio del caos y la enfermedad: cómo va a visitar a su exmarido, amigo de la infancia, Max, que se encuentra ingresado en el hospital en la sección de enfermos crónicos, cómo realiza visitas a su madre, con la que tiene una relación difícil y cómo cuida temporalmente de Mauro, un niño con el síndrome de Prader-Willi, un trastorno genético que tiene, entre otros síntomas, vivir con la sensación constante de hambre. La protagonista de la novela permanece recluida en casa la mayor parte del tiempo, arriesgándose a salir al exterior únicamente para buscar comida, que escasea, visitar a su exmarido y a su madre. Para ello utiliza medios de transporte clandestinos que, junto a los informativos que ve en televisión, le permiten ponerse al día de lo que sucede en la ciudad.

La autora hace uso de un narrador en primera persona (autodiegético) relatando en pasado durante la mayor parte de la novela, con breves pasajes escritos en futuro (ejemplos en Trías 2020, 110, 181, 247 y 260) y en presente (183). Hay una conciencia clara por parte de la narradora de que la historia se está contando a un público, puesto que en la primera página de la novela se reflexiona sobre la propia narración: "si voy a contar esta historia debería empezar por algún lado, elegir un comienzo" (Trías, 2020, 13). En la narración destacan el uso de los diálogos directos sin excesivas acotaciones, que dejan a los personajes marcar el ritmo de la narración junto con los monólogos interiores, que soportan la mayor parte del peso del relato. En cada sección de la novela, la autora introduce algunos versos dando lugar a una fusión muy particular entre género lírico y poético en el texto.

La preocupación medioambiental en *Mugre rosa*

Fernanda Trías construye en esta novela un universo distópico donde se abordan diversos temas. En primer lugar, la preocupación medioambiental, un tema de radical actualidad, entre otras razones por la reciente pandemia mundial por COVID-19, y la reflexión acerca de la necesidad de vivir en armonía ecológica con el planeta.

La protagonista de *Mugre rosa* nos cuenta cómo un día, sin razón aparente, "las playas amanecieron cubiertas de peces plateados, como una alfombra hecha de tapitas de botellas o de fragmentos de vidrio [...] los peces ni siquiera aleteaban, estaban tiesos desde hacía rato, incluso antes de que el agua los expulsara" (Trías, 2020, 45). Si bien la autora no da explicación del porqué de este suceso, pone sobre la mesa la preocupación mundial contemporánea por la posible llegada de pandemias a causa de nuevos virus con efectos desconocidos, consecuencia directa de la experimentación y la explotación humana de la naturaleza.

No obstante, tal como indica la autora en una entrevista para la revista mexicana *Gatopardo* (Vargas, 2021), la novela no se concibió para relatar lo acontecido en el mundo en estos tres últimos años en relación al COVID-19. Al coincidir cronológicamente con la expansión de la enfermedad "se produjo algo interesante porque muchos lectores se acercaron por el reconocimiento de una experiencia compartida, la del encierro y la pandemia" (Trías en Vargas, 2021, s.p.). *Mugre rosa* consigue expresar por escrito los sentimientos, vivencias, que miles de ciudadanos en el mundo experimentaron a raíz del contagio masivo por COVID-19: el encierro, los toques de queda, los tapabocas, los supermercados desabastecidos, el miedo y la muerte. Asimismo, Fernanda Trías retrata de un modo magnífico las respuestas gubernamentales caóticas y descoordinadas como se produjeron también al estallar la pandemia en 2019:

> El asunto de los peces obligó a renunciar al ministro de Salud. Ahí empezaron los escándalos que luego terminaron en la creación del nuevo ministerio, más autónomo, más rico, una especie de Estado paralelo. El río no se vació por completo de peces, pero ningún biólogo o experto en medioambiente pudo explicar por qué algunos pocos se adaptaron. El nuevo ministerio tomó las riendas del asunto, las riendas del río con peces mutantes y algas color borra de vino que estaban acabando con el ecosistema (Trías, 2020, 47).

No obstante, la novela de Trías quiere ir un poco más allá y lo que plantea en última instancia es la necesidad de construir un mundo completamente nuevo, más respetuoso con la naturaleza, los animales y las plantas.

A lo acontecido con los peces empiezan a sucederle otros sucesos extraños en la ciudad donde vive la protagonista, que tienen un impacto grave en el ecosistema: "los pájaros dejaron de verse [...] Al contrario que los peces, los pájaros deshabitaron el cielo sin graznidos ni muertes innecesarias" (Trías, 2020, 95) y se desata un extraño "viento rojo" (Trías, 2020, 28) que genera tormentas eléctricas (Trías, 2020, 223), un fenómeno devastador que se denomina "Príncipe" (Trías, 2020, 112) y una densa niebla que impide la vida normal en la ciudad. Es este "viento rojo" el que va a extender la enfermedad en la ciudad afectando a personas y animales. Los síntomas son la debilidad generalizada y la tos, algo que, de nuevo, hace a los lectores pensar en la pandemia por COVID-19, pero que, en el caso de la novela, luego afecta a la piel, hasta provocar la muerte de la persona:

> – ¿Alguna vez viste cómo queda uno de esos contaminados? -dijo
> – ¿Usted sí?
> – Despellejado. El otro día tuve que llevar a uno. Me dejó el asiento lleno de piel, como si fuera caspa, ¿viste?, toda así, seca, blanca, un poquito transparente. Se despellejan, van quedando en carne viva.
> [...]
> – Imagínate morir así -dijo el taxista-, sintiendo todo ... ¿cómo decirlo?
> – ¿A flor de piel? (Trías, 2020, 31).

Para solucionar la escasez de alimento a causa de la muerte de los animales, el gobierno instaura una fábrica de procesados cárnicos "Carnemás" –"la carne de todos" (Trías, 2020, 134) – que convierte los cuerpos de los animales muertos en carne que se mantiene en conservas, la "mugre rosa" que da título a la novela: "Una máquina que calentaba las carcasas de los animales a altísima temperatura y las centrifugaba hasta extraer los restos de carne magra de las partes más sucias del animal" (Trías, 2020, 49) y "Le llamaban mugre rosa y olía a sangre coagulada y al líquido que Delfa usaba para lavar el baño" (Trías, 2020, 49).

Fernanda Trías introduce en este punto una reflexión crítica acerca de la relación entre hombre y tecnología que recorre toda la novela: la fábrica de mugre rosa se crea solucionar los problemas de abastecimiento, pero no deja de ser un modo de violentar, de nuevo la naturaleza y de enriquecimiento para algunos pocos que tratan de aprovecharse de la situación: "en la tele, un hombre con traje y corbata, pero con gorro quirúrgico y guantes de látex, explicaba lo estándares de seguridad de la nueva fábrica, sus máquinas rápidas y potentes que aprovechaban hasta el último centímetro del animal" (Trías, 2020, 48).

La fábrica sufrirá, no obstante, un incendio en la segunda parte de la novela dejando sin esperanza a los ciudadanos puesto que no tienen que comer (Trías, 2020, 196) y mostrando que este no es el camino para lograr desterrar la enfermedad. Asimismo, la imagen que se proyecta del ser humano en la novela es bastante pesimista: la pandemia saca a relucir los peores instintos de las personas que se pelean por un poco de comida y se muestran insolidarios: "la gente estaba cargando los autos, tapiando ventanas […] arrastrando como podían a sus ancianos […] Arrastraron a los viejos, así tuvieran que romperles la cadera para llevárselos, y luego la ciudad colapsó" (Trías, 2020, 205–206).

La autora también invita al lector a cuestionarse a este respecto sobre la industria de la alimentación y el trato que se da a los animales:

> Me interesa que pensemos en la industria de la alimentación. Sobre esta cultura de sacarle provecho a todo, hasta la última gota, y hacer que todo sea consumible y devorable. Y luego pensar en cómo nos relacionamos con la alimentación, principalmente cárnica, y dónde deja eso a los animales. Hay que ver el trato que les damos, los llevamos al matadero sin ningún miramiento, incluso a pollos que jamás han visto la luz del día, que han crecido en espacios horribles, sin movimiento, con el pico cortado … es un nivel de brutalidad increíble. Como sociedad, elegimos hacer la vista gorda a ese maltrato. Alimentarse es necesario, tenemos que comer, pero habría que pensar en cómo se hace. Porque no podemos seguir arrasando con todas

las vidas de esa manera, también indiscriminada. Por eso en la novela está esa procesadora nacional de carne, símbolo nacional en lugar de las iglesias. Ha ocupado su lugar como templo (Trías en Abad, 2021, s.p.)

Finalmente, se encuentran los problemas climáticos que desata el "viento rojo" que superan en mucho el alcance la tecnología humana, siendo la única solución la evacuación, como si de un desastre nuclear se tratase. A este respecto, afirmaba la autora en una entrevista para *Coolt*:

> Yo volví a sentir ese terror [por un posible apocalipsis nuclear] cuando comenzó el conflicto Rusia-Ucrania, con las amenazas de que Putin nos podría destruir a todos con la bomba atómica. Y pensaba en lo increíble que era volver a sentir lo que sintieron nuestros padres, porque el fin del mundo que imaginamos nosotros es por la crisis ecológica. De hecho, hay estudios y encuestas de cuántos jóvenes sienten ansiedad por el cambio climático al punto de generarles parálisis, estados de frustración y ataques de pánico (Trías en Tapia, 2022, s.p.).

Tanto es así, que en *Mugre rosa* hay una mención directa al desastre de Chernobyl (Trías, 2020, 23), único hecho histórico real que se destaca en el texto. En este pasaje, Fernanda Trías apunta a que la causa última de la enfermedad que asola la ciudad es la propia actividad humana, confirmando la preocupación ecológica que transmite la novela:

> Me mostró los nuevos brotes de las plantas, lo que ella consideraba un milagro, el triunfo de la vida sobre esa muerte de ácido y oscuridad. Yo le conté que en Chernóbyl había más animales que nunca, y hasta los que estaban en peligro de extinción se habían reproducido gracias a la ausencia de humanos. Mi madre no lo interpretó como una ironía, sino -otra vez- como el triunfo de la vida sobre la muerte.
> – *Humana*, mamá. Sobre la muerte humana (Trías, 2020, 23)

Mugre Rosa reúne por tanto las características propias de las novelas climaficcionales: (i) atribuye al ser humano la causa de la crisis ecológica que sucede en la historia y (ii) la naturaleza no es un mero paisaje o un telón de fondo en la novela sino "un agente disruptivo que insinúa una potencia ingobernable" (Montoya, 2023, 238)

El desmoronamiento personal, el duelo y la memoria en *Mugre rosa*

En segundo lugar, y junto a la preocupación ecológica, otro de los temas fundamentales de la novela es el desmoronamiento de la vida personal de la protagonista. La narradora de esta historia es una mujer de personalidad retraída y una vida emocional compleja en la que la falta de apego, particularmente del apego materno, es clave: "nunca se lo dije a mi madre; nunca confesé que no recuerdo ni una sola cosa de esos años en que supuestamente ella fue el centro de mi vida" (Trías, 2020, 130).

Fernanda Trías nos presenta a una protagonista que ha vivido toda su vida con la falta del amor de su madre, de la que llega a afirmar: "no creo que mi madre haya sufrido ni una sola vez por amor" (Trías, 2020, 108). El único agarradero afectivo infantil de la protagonista es su cuidadora Delfa quien muere víctima del cáncer tras un proceso degenerativo mientras la protagonista es aún una niña:

> Yo nunca tocaba a Delfa delante de mi madre, pero en cuanto mi madre cerraba la puerta, las cosas cambiaban. Cómo me hablaba Delfa, cómo le hablaba yo. Le daba besos en las manos, y las manos me peinaban, gruesas, pesadas, la sensación de ese peso sobre mi cabeza me anclaba al presente. El cuerpo era nuestro secreto (Trías, 2020, 172).

A pesar de que la epidemia parece haber acercado a madre e hija -"la epidemia nos había acercado, aunque solo fuera ese lugar baldío" (Trías, 2020, 27)-, la protagonista y su madre tienen varias discusiones a lo largo de la novela a causa del empeño de la protagonista en permanecer en la ciudad y su decisión de no abandonar a Max y a Mauro: "mi madre pensaba en Max como en un pusilánime, alguien que se había salido de la vida por su incapacidad para hacerle frente. Según ella, yo debía pasar la página, relegarlo a ese espacio indeseable y digno de olvido que era el pasado" (Trías, 2020, 29). Finalmente, la madre de la protagonista desaparece de su casa sin dar explicaciones (Trías, 2020, 246).

La relación de la protagonista con su madre es un eje fundamental sobre el que gira la novela. En opinión de Montoya (2023) "la maternidad en la novela se asocia también a la idea de escasez [...] La novela compara la maternidad con el proceso mecánico de producción de carne" (246). La protagonista se nos presenta en una situación crítica donde el sentimiento de abandono es una constante y del que parece incapaz de recobrarse. A pesar de sus intentos el vínculo entre madre hija no parece poder restablecerse, hasta el punto de que la protagonista llega a afirmar que su verdadera madre, siempre fue Delfa: "yo había empezado a llamar a Delfa "mamá". Lo hacía a espaldas de mi madre, sin inocencia infantil, sabiendo que se trataba de la peor de las traiciones" (Trías, 2020, 67).

La relación amorosa de la protagonista con su exmarido es descrita, asimismo, en términos de dependencia, falta de comunicación y empatía: "una vez, mi madre me dijo que Max no me había dado nada, excepto la continuidad de una pérdida. En parte tenía razón" (Trías, 2020, p. 268). Así pues, aunque la protagonista recuerda algunos momentos de felicidad con el que fuera su pareja, en la novela predomina un sentimiento de desencanto hacia su persona:

> Max y yo no hacíamos más que hablar. Era nuestra manera de suplantar el contacto del cuerpo. De niña y adolescente nunca conocí el deseo; si pensaba en mi cuerpo era como una moneda de cambio. Sabía más por intuición que por experiencia, que había ciertas cosas que yo no podía conseguir con él [...] Por eso, cuando Max comenzó a alejarse, absorbido por su búsqueda de sí mismo, yo me acomodé fácilmente a la situación (Trías, 2020, 68).

No obstante, la protagonista no se siente capaz de dejar definitivamente a su expareja, incluso después de su separación. De hecho, es la profunda herida emocional que supone la nostalgia del amor de Max, de su madre y muy especialmente el de Delfa, la que hace permanecer a la protagonista en una especie de laberinto sin salida (Trías, 2020, 230), en una situación incapaz de superar.:

> ¿Cómo es la paradoja de que para rendirse primero hay que soltar, pero que no es al soltar que uno se rinde? Max pudo soltar hasta la compasión por sí mismo; yo me sentía una especie de pulpo prehistórico, aferrada a todo lo que alguna vez había tenido. ¿Por qué era más difícil soltar a Max que a esos coquitos de eucalipto?" (Trías, 2020, 123).

Mugre rosa se convierte de este modo no sólo en una recreación distópica de las preocupaciones medioambientales de la autora, sino en una reflexión acerca de las carencias emocionales de la protagonista, en una suerte de metáfora de la ausencia: "la ausencia era algo lo suficientemente sólido a lo que aferrarse, y hasta era posible construir una vida sobre ese sedimento" (Trías, 2020, 268).

La novela funciona como un relato simbólico de la falta de voluntad de la protagonista para superar el duelo de la pérdida de su cuidadora en la infancia y de romper con todo lo que la oprime y la coarta (su madre, su marido, su propio pasado) como quien no puede escapar de una pesadilla: "yo siempre había confundido el miedo con el amor, ese terreno inestable, esa zona de derrumbe" (Trías, 2020, 91). No en vano la protagonista refiere una y otra vez que padece de sueños lúcidos "desde chica tengo este tipo de sueños raros. Sueños lúcidos, les llaman, en los que una es consciente de estar soñando y al mismo tiempo no puede despertarse" (Trías, 2020, 53). *Mugre rosa* puede leerse, en este sentido, como la narración de un mal sueño, donde los temores y traumas de la protagonista salen a relucir y de los que no le es posible deshacerse.

Sólo en un momento parece que la protagonista haga un intento de romper con su pasado, cuando abandona el hospital tras su última visita a su exmarido, si bien luego no recuerda exactamente cómo lo ha hecho y todo queda sumido en la niebla de la ensoñación que recorre y ambienta toda la novela.

En este punto, cobra especial importancia la imagen del pájaro deformado y encarcelado que la protagonista descubre hacia el final de la novela, quien resulta en un símbolo clave para comprender a la protagonista de la novela:

> Junto a la ventana sin vidrio, solo cubierta con un nailon opaco que no filtraba la luz, una jaula blanca, grande, de barrotes y ornamentos finos, algo abollada pero elegante, y dentro de la jaula un animal -¿un pájaro?- quieto, asustado [...] el pájaro estaba moribundo, con unas malformaciones blancas en el pico y en los ojos [...] desenganché el pequeño alambre que aseguraba la puerta y abrí la jaula [...] pero él no se movió. Tenía las alas cortadas, muertas (Trías, 2020, 215–216).

Como la protagonista de *Mugre rosa* este pájaro deforme aguarda a la muerte en una celda abierta, incapaz de sobreponerse a su deplorable estado, de luchar por su liberación: "¿Cuántos vientos más harían falta para liberar al pájaro? ¿Cuántos más para liberarme a mí?" (Trías, 2020, 216). La obra rezuma, por tanto, un fuerte mensaje feminista, y el texto está preñado de metáforas que nos remiten a un proceso de anulación de la protagonista.

Junto al tema de las carencias emocionales de la protagonista, Fernanda Trías profundiza en el tema de la violencia doméstica, otro de los motivos claves sobre los que se articula la novela. En las referencias al pasado que se hacen en la novela, la protagonista nos descubre que ha sufrido violencia por parte de su madre y su exmarido, sus seres más próximos, y parece incapaz de recuperarse de estas heridas. Basta recordar, por ejemplo, el relato del episodio de una comida familiar en la que la protagonista es obligada a comer por su madre un plato que le disgusta:

> Me negué a comer unos panchos que mi madre había hervido y cortado en rodajas. Las rodajas estaban medio sepultadas en un charco de mostaza,

pero yo me negué a comerlas y ella me las metió a la fuerza en la boca. Me apretó los cachetes, me clavó las uñas recién pintadas en las mejillas y encajó el tenedor. Yo me puse a llorar. Me dolió, le dije entre llanto. Sí, ya sé que te dolió. ¿Por qué?, grité ¿por qué? Ella dijo: porque soy tu madre (Trías, 2020, 191-192).

O el momento en el que la protagonista relata un episodio, no sabemos si real o ficticio, en que Max le muerde y le hace creer que ha sido un pacú:

Ahora, Max y yo estamos en un río. El agua es turbia y nos llega hasta la cintura. Él se zambulle [...] Entonces me muerde [...] Dice que no me mordió; parece desconcertado [...] ¿Vos estás loca? ¿Cómo te voy a morder? [...] pero estoy pensando en otra cosa: que él siempre quiso morderme, siempre quiso devorarme de algún modo [...] Me lo repito: fue el pacú, mientras dejo que él me frote la herida, que la amase hasta convertirla en otra cosa (Trías, 2020, 52-53).

La violencia ha teñido la mayor parte de las relaciones importantes de la protagonista, sus relaciones amorosas (amor materno, amor de pareja) lo que ha dado lugar a una toxicidad que sigue presente en el momento temporal en que se construye el relato y a cuya génesis en el pasado la protagonista se refiere una y otra vez.

Asimismo, la novela contrapone dos realidades sociales diferentes: la clase social alta, donde se encuentra su madre y su residencia en el exclusivo barrio de Los Pozos o los grandes directivos de las empresas cárnicas y el mundo de los trabajadores y el servicio, que es el espacio al que pertenece Delfa y la misma protagonista una vez se produce su separación de Max y abandona su trabajo para dedicarse a ser la niñera de Mauro, los únicos espacios de afecto. En este punto es interesante las reflexiones de Fernanda Trías acerca de la protagonista y su trabajo como cuidadora:

El rol de la cuidadora siempre recae sobre la mujer y ella es también la cuidadora del exesposo, del esposo cuando era esposo, del niño, de la madre. En una entrevista anterior me preguntaban por qué no cae el patriarcado ¡ja,ja,ja! Y bueno, cómo harían con todos los cuidados y las necesidades de servidumbre ... (Trías en Tapia, 2022, s.p.)

Fernanda Trías apunta de este modo a una importante reflexión feminista en torno al rol de la mujer en la novela: la mujer como cuidadora que no se procura autocuidados, la mujer como sostén de la familia y de las relaciones, la mujer como ser sufriente y oprimido, resignada a su situación.

Finalmente, se ha necesario hablar del importante papel de la memoria dentro de la novela: "la memoria es una vasija rota: mil pedazos y lascas de barro seco. ¿Qué partes tuyas quedan intactas?" afirma Trías (2020, 169). En *Mugre Rosa* el presente es difuso y se encuentra en permanente diálogo con un pasado del que no se puede desprender. La situación de encierro y el ambiente claustrofóbico que rezuma la novela contribuyen a percibir el tiempo como un espacio estancado del que no se puede escapar.

> No me resulta fácil describir el tiempo de encierro [...] Existíamos en una espera que tampoco era la espera de nada concreto. Esperábamos. Pero lo que esperábamos era que nada pasara, porque cualquier cambio podría significar algo peor. Mientras todo siguiera quieto, yo podría mantenerme en el no tiempo de la memoria (Trías, 2020, 105).

Este aspecto peculiar de la novela queda también reflejado formalmente en el texto: el comienzo y final de la novela son poco claros y el lector no tiene datos suficientes al terminar la lectura del texto para saber si lo sucedido es real, si es un sueño, dónde se encuentra la protagonista ahora o qué ha sido de ella. Afirma así la autora en la novela

> El problema es que los comienzos y los finales se superponen, y entonces una cree que algo está terminando cuando en realidad es otra cosa la que empieza. Es como mirar el movimiento de las nubes; van cambiando de forma en la medida en que avanzan, pero si no les quitamos los ojos de encima veremos que la forma se parece bastante, que ese conejo algodonoso sigue siendo un conejo, un poco más ancho, las orejas más cortas, el hocico desdibujado; tal vez se esté desgranando, ha perdido la cola, ha perdido otro poco de pelo, pero todavía podemos verlo (Trías, 2020, 80)

Y también más adelante "Ahora, por ejemplo, ¿estoy en un comienzo o en un final? Es como una larga pausa, un tiempo suspendido" (Trías, 2020, 80)

En este sentido, afirma Montoya (2023):

> De diversas maneras, la novela refuerza la idea de que la distinción entre pasado, presente y futuro se vuelve, más que difícil, anacrónica. El confinamiento es ese tiempo en pausa donde reconocemos la fragilidad humana. Cuando los seres humanos interrumpen abruptamente la organización de su vida en horas, minutos, segundos, irrumpe también la conciencia de que lo real pertenece a otro modo de organizar el tiempo (240–241).

Asimismo, otro elemento importante dentro de la novela es la reflexión que Fernanda Trías introduce sobre la protagonista y el mundo que la rodea a través de Mauro, el niño enfermo al que la protagonista cuida desde el momento en que fue abandonada por su marido. Mauro, quien padece como se mencionó una enfermedad que le hace tener un hambre insaciable:

> Parecía un niño inflado a la fuerza, inflado como una llanta que no puede ceder un milímetro más de caucho, los cachetes rechonchos, un ojo que se le cerraba a media asta y la boca diminuta, pero capaz de abrirse para devorar cualquier cosa que tuviera enfrente sin ni siquiera masticarla [...] Yo creía conocer a Mauro; me creía capaz de anticipar las cosas que lo pondrían nervioso, que lo harían esconderse dentro de sí como un molusco dentro de un cuerpo que era puro instinto. Tal vez por eso Mauro tenía ese efecto tranquilizador en mí. Solo frente a él me sentía en la facultad de no ocultar ninguna parte de mí misma (Trías, 2020, 59-60).

Mauro se convierte así en una metáfora del hambre de amor de la protagonista, que no puede calmar ningún tipo de alimento: "¿Cómo será sentir hambre constante? Un hambre que avasalla e impide cualquier otro pensamiento. La necesidad vital de apagar la voz, de llenar un vacío incomprensible" (Trías, 2020, 71). También en una reflexión en torno a la maternidad no biológica, ya que, finalmente, la protagonista se convierte en una verdadera madre para Mauro. Y junto a estas interpretaciones, Mauro también resulta en última instancia una metáfora de la sociedad enferma y de la constante búsqueda de la satisfacción material a través del consumismo.

En resumen, *Mugre rosa* es una novela distópica de claro aliento poético que aborda, en primer lugar, las preocupaciones medioambientales de su autora, quien parece ambientar la novela en una ciudad de su Uruguay natal. En este sentido afirma Montoya (2023) que "la novela de Trías denuncia y subvierte la imagen del Uruguay Natural que sucesivos gobiernos fomentaron, llevando al extremo distópico el deterioro ambiental que ha ocurrido en paralelo a las políticas extractivistas sostenidas durante varias décadas tanto en Uruguay como en otros países de América Latina" (243).

La autora reflexiona acerca de la necesidad de cambiar nuestra relación con la naturaleza, los animales y las plantas, a fin de frenar la crisis medioambiental y prevenir nuevas pandemias. Es también muy relevante la reflexión que realiza en torno a la industria alimentaria, el capitalismo, las empresas cárnicas y la explotación animal. Si bien la autora no insinúa que no se haya de comer carne, ni alimentarse, sí que plantea la necesidad de cuestionarse el cómo hacerlo.

En segundo lugar, la novela aborda dos duelos dentro de la novela "uno es por la pérdida de un matrimonio con una pareja que era su amigo desde la infancia; con esa pérdida de la relación, también se pierde una buena parte del pasado. Y el otro es por la pérdida de un mundo que ya fue y que ya no es más" (Trías en Tapia, 2022, s.p.). La protagonista de *Mugre rosa* es un personaje que se encuentra en un momento de desmoronamiento personal a causa de la ruptura con su exmarido, quien, además, se encuentra enfermo en el hospital contagiado por el nuevo virus y al que sigue cuidando.

Asimismo, a lo largo del texto, afloran otras carencias emocionales de la protagonista, fundamentalmente, la falta de apego materno y el dolor de la pérdida a causa de un cáncer de la persona que hizo las veces de madre en su infancia, su cuidadora Delfa. La protagonista no parece superar el dolor que le han generado estas pérdidas y carencias, de tal modo que permanece estancada en una ciudad a la que asola la epidemia incapaz de liberarse y reconstruirse.

En este punto la autora trata otros temas tangenciales, pero igualmente importantes, en concreto temas referidos a la mujer en cuanto a su ser en el mundo. La protagonista sufre la violencia ejercida por su pareja (también la de su madre) aceptándola, confundiendo hasta cierto punto el miedo con el amor. Es ella quien se encarga de ejercer el rol de cuidador de las personas que le están causando daño dejando entrever cierta conciencia feminista de la autora.

En último lugar, otro tema fundamental es el tratamiento de la memoria en la novela; "el recuerdo también es un residuo reciclable" (Trías, 2020, 53). La protagonista de *Mugre rosa* parece estancada en un espacio temporal que aúna presente y pasado, precisamente por esa incapacidad para romper con todo lo que oprime y la coarta. El futuro es un horizonte improbable, casi imaginado, que en la novela se concreta en una posible huida a Brasil lugar que se menciona constantemente como el destino ideal para escapar de la pandemia y de sí misma.

Consideraciones finales

La perspectiva femenina, frecuentemente ignorada en los grandes debates de la humanidad, es absolutamente esencial para entender y enfrentar la crisis ecológica a la que se enfrenta el mundo contemporáneo. No en vano, desde corrientes de pensamiento como el Ecofeminismo, el cuerpo violentado de la mujer se asimila con frecuencia a la naturaleza maltratada por el hombre, mientras que la ética del cuidado que promueve el feminismo comulga íntimamente con los valores del ecologismo. Las mujeres, estrechamente relacionadas con la naturaleza en la literatura de todos los tiempos, pueden aportar una mirada más comprensiva e igualitaria sobre la naturaleza y el territorio y ayudar a superar los dualismos urbano-rural, hombre-mujer, progreso-naturaleza, etc. instalados en los sistemas sociales capitalistas.

El estudio de obras literarias escritas por mujeres en español que presentan un mensaje ecológico relevante nos ayuda a entender mejor esta perspectiva femenina. Se trata en general de obras que expresan una nueva relación del ser humano con el medio ambiente, que reivindican – sin romantizar – lo natural y lo rural, y que nos permiten adentrarnos en los lazos que se han establecido entre los movimientos ecologistas y feministas.

En este libro hemos hecho un recorrido por un conjunto representativo de estas obras, mostrando cómo de una u otra forma todas ellas reivindican el valor intrínseco de lo que existe en la naturaleza, defienden la necesidad de una transformación social que modifique las políticas de poder y explotación, enfatizan el papel esencial de la mujer en la sociedad, y denuncian la violencia machista. Son textos que en general nos presentan la naturaleza y lo rural como espacio amenazado, espacio olvidado, espacio de resistencia o espacio de reivindicación feminista. En este sentido, el libro se aproxima a los intereses investigadores de disciplinas críticas como las Humanidades Ambientales, la Ecocrítica y el Ecofeminismo en su relación con la literatura. Asimismo, contribuye a la creación de corpus de literatura ecológica escrita por mujeres en el ámbito hispánico.

Así, María Sánchez en sus dos poemarios (*Cuaderno de campo*, 2017 y *Fuego la sed*, 2024) y sus dos ensayos (*Tierra de mujeres*, 2019 y *Almáciga*, 2020) propone establecer una nueva relación con el mundo rural, utiliza la memoria y la palabra para recuperar la cultura del campo, reivindica los valores ecológicos del respeto a la comunidad y a la naturaleza, y denuncia la crisis medioambiental causada por la acción abusiva de los seres humanos sobre la naturaleza.

El feminismo y la defensa de los derechos de las mujeres en el ámbito rural también es una constante en la obra de María Sánchez. La autora denuncia la desigualdad que todavía sufren muchas mujeres del campo y nos presenta voces femeninas fuertes que han de ser escuchadas.

Los escritos de María Sánchez son por tanto un buen reflejo de sus valores ecofeministas, compartidos por muchas autoras contemporáneas, y que encuentran en las mujeres un factor propicio para lograr un cambio en la sociedad y en los modos de habitar el mundo, haciéndolos más sostenibles y verdes.

Esta especial relación entre feminismo y ecologismo se hace patente en la poesía ecológica escrita por mujeres, tal y como se pone de manifiesto en las obras de Esthela Calderón, de Sara Herrera Peralta y de Erika Martínez.

En concreto, la poesía de Esthela Calderón (*Los huesos de mi abuelo*, 2018) supone una celebración de la naturaleza y una llamada a protegerla. La autora nos propone una vuelta al diálogo con la tierra, a la atención a los ritmos naturales de la vida y a la preocupación por el otro, y reclama una sociedad más sostenible fundamentada en una ética del cuidado y el respeto hacia la biodiversidad. La naturaleza es también un espacio de reivindicación de la mujer y de denuncia de la violencia machista, además de un motivo de conexión con la maternidad.

Sara Herrera Peralta se expresa en la misma línea, especialmente en sus poemarios *Caramelo culebra* (2019) y *Un mapa cómo* (2022), e identifica el medio rural como un espacio de libertad y de conexión con el territorio, con la naturaleza, con sus ancestros y con los hijos, que se contrapone a la vida altamente insatisfactoria de la ciudad.

Esta crítica social hacia un mundo moderno deshumanizante se hace todavía más presente en la poesía de Erika Martínez, concretamente en su poemario *La bestia ideal* (2022), donde denuncia ferozmente la situación del ser humano contemporáneo, reducido a ser un mero medio de producción, explotado por el capitalismo.

Este rechazo hacia el materialismo y el consumismo moderno también se expresa de forma evidente en la literatura neorrural, caracterizada habitualmente por presentar el espacio rural como un medio para huir de una civilización que se derrumba y expresar la incapacidad del hombre y la mujer contemporáneos de reconectar con el territorio y la naturaleza. Las novelas *Feria* (2020) de Ana Iris Simón, *La forastera* (2020) de Olga Merino, y *Un amor* (2020) de Sara Mesa estudiadas en este libro nos presentan, así, el mundo rural como un espacio de dificultades materiales que cataliza una vuelta al origen, a las raíces, y al reencuentro con uno mismo.

Asimismo, estas tres novelas comparten una voz narrativa principal femenina que se expresan de modos diversos. Estos personajes pueden ser fuertes, como Angie en *La forastera*, o vulnerables y maltratados como Nat en *Un amor*, pero siempre se trata de personajes rotos a los que el medio rural proporciona la soledad suficiente para reflexionar sobre sus fisuras interiores.

Estas mismas temáticas neorrurales de huida, trauma y resignación, a la que los personajes femeninos se enfrentan de forma desigual, están asimismo muy presentes en las novelas *Por si se va la luz* (2013) de Lara Moreno y en *Canto yo y la montaña baila* (2019) de Irene Solá, aunque son textos en los que predomina lo fantástico, la muerte y la magia, y por tanto, a priori, muy diferentes a las novelas anteriores.

En concreto, todos los personajes de *Por si se va la luz* se encuentran solos y/o huyen de una pérdida y la vida rural se presenta como un espacio rodeado de misterio donde las personas recuperan el contacto con su origen. No obstante, la vida del campo se va haciendo cada vez más insostenible por la carestía de agua y la muerte. Y también observamos como para Nadia el miedo a la soledad es superior a su propia dignidad como mujer y no es capaz de hacer frente al hastío.

Por su parte, *Canto yo y la montaña baila* nos presenta una visión menos descorazonadora y más mística del mundo rural, en la que los límites entre lo real y orínico, la muerte y la vida, la naturaleza y el hombre quedan difuminados. El campo se presenta como un espacio salvaje e indómito, propicio para una especial relación de las personas con una naturaleza que amenaza con tomar venganza del daño que los hombres les han infringido. Las mujeres se nos presentan como fuertes y trabajadoras, si bien a menudo maltratadas y abocadas al trabajo doméstico y al cuidado de los hijos.

Finalmente, *Mugre rosa* (2020) de Fernanda Trías va un paso más allá y nos ofrece una narrativa distópica que lleva la crisis medioambiental hasta sus últimas consecuencias y que nos presenta a unos personajes atrapados sin esperanza en un mundo destrozado por el capitalismo. En la novela, la acción trascurre en una ciudad asolada por la enfermedad como consecuencia de la actividad humana mientras se produce el desmoronamiento de la vida personal de una protagonista maltratada, anulada, e incapaz de sobreponerse y luchar por su liberación.

Mugre rosa nos presenta a la mujer como una cuidadora que no se procura autocuidados, sostén de la familia y de las relaciones, un ser sufriente y oprimido resignado a su situación. La novela además asemeja a la sociedad con un ente enfermo y en constante búsqueda de una satisfacción material a través del consumismo que resulta ser inalcanzable. Por último, en *Mugre rosa* el tiempo se percibe como un espacio estancado del que no se puede escapar.

Bibliografía

Abad, Paloma (2021). "Fernanda Trías: "¿Acaso somos la única especie que conscientemente está destruyendo su hábitat y se va a llevar a sí misma a la extinción?". *Vogue*. Accesible en: https://www.vogue.es/living/articulos/libro-mugre-rosa-fernanda-trias

Adamson, Joni (2001). *American Indian Literature, Environmental Literature, and Ecocriticism: The Middle Place*. Tucson: University of Arizona Press.

Adamson, Joni (2018). "Las Humanidades ambientales globales: ampliando la conversación. Imaginando futuros alternativos". José Abelda, José María Perreño y J. M. Marrero (eds.). *Humanidades ambientales. Pensamiento, arte y relatos para el siglo de la gran prueba* (15–33). Madrid: Catarata.

Agra, María Xosé (1997). *Ecología y feminismo*. Granada: Ecorama.

Albelda, José (2018). "Repensando el concepto de progreso". José Abelda, José María Perreño y J. M. Marrero (eds.). *Humanidades ambientales. Pensamiento, arte y relatos para el siglo de la gran prueba* (52–70). Madrid: Catarata.

Albelda, José; Parreño, José María y Marrero, José Manuel (eds.) (2018). *Humanidades ambientales. Pensamiento, arte y relatos para el siglo de la gran prueba*. Madrid: Catarata.

Arellano, Ignacio y Insúa Cereceda, Mariela (eds.) (2021). *Ecología y medioambiente en la literatura y la cultura hispánica*. New York: Instituto de Estudios Auriseculares.

Berbel, Rosa (2020). "Ecofeminismo y feminismo rural en *Tierra de mujeres* de María Sánchez". *Revista Úrsula*, 4, 1–13.

Berbel, Rosa (2022). "Nuevas direcciones para la estética ecológica en la literatura española neorrural (2013–2020)". *Kamchatka. Revista de análisis cultural*, 19, 297–316.

Binns, Niall (2004). *¿Callejón sin salida? La crisis ecológica en la poesía hispanoamericana*. Zaragoza: Prensas Universitarias de Zaragoza.

Branch, Michel P.; Johnson, Rochelle; Patterson, Johnson y Slovic, Scott (eds.) (1998). *Reading the Earth: New Directions in the Study of Literature and Environment*. Moscow: University of Idaho Press.

Buell, Lawrence (1995). *The Environmental Imagination*. Cambridge: Harvard University Press.

Buell, Lawrence (2005). *The Future of Environmental Criticism: Environmental Crisis and Literary Imagination*. Oxford: Blackwell

Calderón, Esthela (2002). *Soledad*. Managua: Fondo Editorial CIRA.

Calderón, Esthela (2004). *Amor y conciencia*. Managua: UNAN-León.

Calderón, Esthela (2006). *8 caras de una moneda*. Managua: UNAN-León.

Calderón, Esthela (2008). *Soplo de corriente vital*. Managua: 400 Elefantes.

Calderón, Esthela (2010). *La hoja*. Madrid: Centro de Arte Moderno de Madrid.

Calderón, Esthela (2012). *Coyol quebrado*. Managua: Ediciones 400 Elefantes.

Calderón, Esthela (2013). *La que hubiera sido y otros poemas: Antología*. Puerto Rico: Indómita.

Calderón, Esthela (2016). *Las manos que matan*. Managua: Promotora Cultural Leonesa.

Calderón, Esthela (2018). *Los huesos de mi abuelo (Eco-poesía sin fronteras)*. Selección y traducción de Steven F. White. Madrid: Amagord.

Campos, Ronald (2018). "Estudios sobre ecopoesía hispánica contemporánea: hacia un estado de la cuestión". *Artifara*, 18, 169–204.

Cano, Rocío (2023). "El apocalipsis personal o el arte de saltar al vacío: poesía escrita por mujeres en Chile". Ángel Esteban (ed.). *Formas del fin del mundo: crisis, ecología y distopías en la literatura y la cultura latinoamericanas* (149–170). Bruxelles: Peter Lang.

Carretero, Margarita (2010). "Ecofeminismo y análisis literario". En Carmen Flys, José Manuel Marrero y Julia Barella (eds.). *Ecocríticas. Literatura y medioambiente* (177–189). Madrid/ Frankfurt am Main: Iberoamericana/ Vervuert.

Crespo, Raquel (2022). "Soledad, precariedad y resistencia. El medio rural en "La forastera" de Olga Merino y "Un amor" de Sara Mesa". Teresa Gómez Trueba (ed.) (2022). *La alargada sombra de Delibes sobre la España vacía: de la novela rural al neorruralismo del siglo XXI* (139–153). Valladolid/ Nueva York: Cátedra Miguel Delibes.

Crutzen, Paul J. y Eugene F. Stoermer (2000). The "Anthropocene". *Global Change Newsletter*, 41, 17–18.

D´Eaubonne, François (1974). "Le temps de l´écoféminisme". *Le féminisme ou la mort*. Paris: Pierre Horay.

Dixon, Terrell (ed.) (2002). *City Wilds: Essays and Stories about Urban Nature*. Athens: U of Georgia P.

Domene, Pedro M. (ed.) (2018). *Neorrurales. Antología de poetas de campo*. Madrid: Almuzara.

Dwyer, Jim (2010). *Where the Wild Books Are: A Field Guide to Ecofiction*. Nevada: University of Nevada.

Echauri Galván, Bruno y Ori, Julia (eds.) (2021). *Literatura y naturaleza. Voces ecocríticas en poesía y prosa*, Sociedad Española de Literatura General y Comparada.

Esteban, Ángel (ed.) (2023). *Formas del fin del mundo: crisis, ecología y distopías en la literatura y la cultura latinoamericanas*. Bruxelles: Peter Lang.

Flys, Carmen (2018). "En el principio era la palabra": la palabra y la creación de imaginarios ecológicos". José Abelda, José María Parreño y J. M. Marrero (eds.). *Humanidades ambientales. Pensamiento, arte y relatos para el siglo de la gran prueba* (182–200). Madrid: Catarata.

Flys, Carmen, Marrero, José Manuel y Barella, Julia (eds.) (2010). *Ecocríticas. Literatura y medio ambiente*. Madrid/ Frankfurt am Main: Iberiamericana/ Vervuert.

Forns-Broggi, Roberto (1998). ¿Cuáles son los dones que la naturaleza regala a la poesía latinoamericana? *Hispanic Journal*, 19, 2, 209–238.

Forns-Broggi, Roberto (2018). Introducción. Esthela Calderón. *Los huesos de mi abuelo (Eco-poesía sin fronteras)*. Selección y traducción de Steven F. White (9–14). Madrid: Amagord.

Forthomme, Claude (2014, julio 30). *A Chat with the Man Who Dreamt Up Cli Fi. Impakter*. Recuperado de https://impakter.com/climate-fiction-a-chat-with-the-man-who-coined-the-term-cli-fi/

Frühbeck Moreno, Carlos (2020). La poética ecofeminista de María Sánchez. *Rassegna iberistica*, 113 (43), 25–39.

Gacinska, W. (ed.), *Soplo de vida. Antología de animales*, Ojos de Sol, Madrid, 2021

Gala, Candelas (2020). *Ecopoéticas. Voces de la tierra en ocho poetas de la España actual*. Salamanca: Universidad de Salamanca.

Gala, Candelas (2021). "Ecopoéticas y ecopoemas en la España actual: una revaluación de la textualidad". *Letras Hispanas*, 17, 179–195.

Garrard, Greg (2004). *Ecocriticism*. London: Routledge.
Garrard, Greg (2014) (ed.). *The Oxford Handbook of Ecocriticism*. Oxford: Oxford University Press.
Gates, Barbara T. (2010). "Una raíz del ecofeminismo: *écoféminisme*". Carmen Flys, José Manuel Marrero y Julia Barella (eds.). *Ecocríticas. Literatura y medioambiente* (167–176). Madrid/ Frankfurt am Main: Iberoamericana/ Vervuert.
Gifford, Terry (2010). "Un repaso al presente de la ecocrítica". Carmen Flys, José Manuel Marrero y Julia Barella (eds.). *Ecocríticas. Literatura y medioambiente.* (67–83). Madrid/ Frankfurt am Main: Iberoamericana/ Vervuert.
Gilabert, Javier (2022). "Sara Herrera Peralta: "Me horroriza la manesia, la personal y la colectiva". *Secretolivo. Cultura andaluza contemporánea*. Recuperado de: https://secretolivo.com/index.php/2022/10/13/sara-herrera-peralta-me-horroriza-la-amnesia-la-personal-y-la-colectiva/
Giménez, Clara (2020). "Ana Iris Simón: "La alta cultura también es parte de la clase obrera?" *El Diario*. Accesible en: https://www.eldiario.es/cultura/libros/ana-iris-simon-alta-cultura-parte-clase-obrera_1_6627428.html
Glotfelty, Cheryll (2015). "Literary Studies in an Age of Environmental Crisis". Ken Hiltner (ed.). *Ecocriticism: The Essential Reader* (120–130). London/New York: Routledge.
Glotfelty, Cheryll y Fromm, Harold (eds.) (1996). *The Ecocritisim Reader: Landmarks in Literary Ecology*. London: The University of Georgia Press.
Gómez Trueba, Teresa (2022). "Desmontando algunos sobreentendidos". Teresa Gómez Trueba (ed.) (2022). *La alargada sombra de Delibes sobre la España vacía: de la novela rural al neorruralismo del siglo XXI* (7–21). Valladolid/ Nueva York: Cátedra Miguel Delibes.
Gómez Trueba, Teresa (ed.) (2022). *La alargada sombra de Delibes sobre la España vacía: de la novela rural al neorruralismo del siglo XXI*. Valladolid/ Nueva York: Cátedra Miguel Delibes.
González Harbour, Berna (2020). "Olga Merino: "Quería hablar del suicidio y me salió un canto a la libertad". *El País*. Accesible en: https://elpais.com/cultura/2020/05/27/babelia/1590575348_133576.html
Heise, Ursula (2008). *Sense of Place and Sense of Planet. The Environmental Imagination of the Global*. Oxford: Oxford University Press.

Herrera Peralta, Sara (2016). *Arroz Montevideo*. Levante: La Isla de Siltolá.

Herrera Peralta, Sara (2016). *Hombres que cantan nanas al amanecer y comen cebolla*. Córdoba: La Bella Varsovia.

Herrera, Sara (2019). *Caramelo culebra*. Madrid: La Bella Varsovia.

Herrera, Sara (2022). *Un mapa cómo*. Madrid: La Bella Varsovia.

Herrera, Sara (2023a). *Página web de la autora*. Recuperado de: https://saraherreraperalta.com/quien

Herrera, Sara (2023b). *Du bois à la maison*. Recuperado de: https://www.duboisalamaison.com/

Kellert, Stephen R. y Wilson, Edward O. (1993). *The Biophilia Hypothesis*. Washington, D. C./ California: Island Press/ Shearwater Books.

López Mújica, Montserrat y Mezquita Fernández, María Antonia (2016). *Visiones ecocríticas del mar en la literatura*. Alcalá: Universidad de Alcalá, Instituto Universitario de Investigación en Estudios Norteamericanos Benjamin Franklin.

Lorente Bilbao, Eneko y de Diego Martínez, Rosa (eds.) (2021). *Naturalezas en fuga. Ecocrítica(s) de la ciudad en transformación*. Barcelona: Anthropos

Lorenzo-Modia, María Jesús (ed.) (2023). "Ecocrítica: De los feminismo(s) a los ecofeminismo(s): análisis literarios y culturales". *Atlánticas. Revista internacional de estudios feministas*, 8 (1).

Lyon, Thomas J. (2001). *This incomparable land. A guide to American nature writing*. Minneapolis, Minn: Milkweed Editions.

Marrero, José Manuel (2010). "Ecocrítica e hispanismo". Carmen Flys, José Manuel Marrero y Julia Barella (eds.). *Ecocríticas. Literatura y medioambiente*. (193–217). Madrid/ Frankfurt am Main: Iberoamericana/ Vervuert.

Marrero, José Manuel (2021). "Filología verde y poética de la respiración para un mundo contaminado". *Actio Nova: Revista de Teoría de la Literatura y Literatura Comparada*, 5, 417–435.

Martínez, Erika (2009). *Color carne*. Valencia: Pre-Textos.

Martínez, Erika (2011). *Lenguaraz*. Valencia: Pre-Textos.

Martínez, Erika (2013). *El falso techo*. Valencia: Pre-Textos.

Martínez, Erika (2017) *Chocar con algo*. Valencia: Pre-Textos.

Martínez, Erika (2022). *La bestia ideal*. Valencia: Pre-Textos.

Merchant, Carolyn (2020 [1980]). *The Death of Nature: Women, Ecology, and the Scientific Revolution*. New York: Harper One.

Mercier, Claire (2018). "Distopías latinoamericanas de la evolución: hacia una ecotopía". *Logos: Revista de Lingüística, Filosofía y Literatura*, 28(2), 233–247.

Merino, Olga (1999) *Cenizas rojas*. Barcelona: Círculo de lectores.

Merino, Olga (2004) *Espuelas de papel*. Madrid: Alfaguara.

Merino, Olga (2012). *Perros que ladran en el sótano*. Madrid: Alfaguara.

Merino, Olga (2020). *La forastera*. Madrid: Alfaguara

Merino, Olga (2022). *Cinco Inviernos*. Madrid: Alfaguara.

Mesa, Sara (2007). *Este jilguero agenda*. Madrid: Devenir.

Mesa, Sara (2008). *La sobriedad del galápago*. Badajoz: Diputación Provincial de Badajoz

Mesa, Sara (2009). *No es fácil ser verde*. Madrid: Everest

Mesa, Sara (2010). *El trepanador de cerebros*. Barcelona: Tropo Editores.

Mesa, Sara (2011). *Un incendio invisible*. Sevilla: Fundación José Manuel Lara.

Mesa, Sara (2013). *Cuatro por cuatro*. Barcelona: Anagrama.

Mesa, Sara (2015). *Cicatriz*. Barcelona: Anagrama.

Mesa, Sara (2016). *Mala letra*. Barcelona: Anagrama.

Mesa, Sara (2018). *Cara de pan*. Barcelona: Anagrama.

Mesa, Sara (2019). *Silencio administrativo. La pobreza en el laberinto burocrático*. Barcelona: Anagrama.

Mesa, Sara (2020). *Un amor*. Barcelona: Anagrama.

Mesa, Sara (2022). *La familia*. Barcelona: Anagrama.

Mies, María y Shiva, Vandana (2015). *Ecofeminismo*. Barcelona: Icaria.

Montoro Araque, Mercedes (ed.) (2023). *Imaginación geopoiética y ecopoéticas del agua* Bruxelles: Peter Lang.

Montoya, Jesús (2023). "Antropoceno latinoamericano: *Mugre rosa* de Fernanda Trías como ficción climática". Ángel Esteban (ed.). *Formas del fin del mundo: crisis, ecología y distopías en la literatura y la cultura latinoamericanas* (233–254). Bruxelles: Peter Lang.

Mora, Vicente Luis (2018). "Líneas de fuga *neorrurales* de la literatura española contemporánea". *Tropelías. Revista de Teoría de la Literatura y*

Literatura comparada, 4, 198–221. Disponible en: https://papiro.unizar.es/ojs/index.php/tropelias/article/view/3071

Moreno, Lara (2004). *Casi todas las tijeras*. Barcelona: Editorial Quórum

Moreno, Lara (2008). *Cuatro veces fuego*. Barcelona: Tropo editores

Moreno, Lara (2008). *La herida costumbre*. Puerta del Mar

Moreno, Lara (2013). *Después de la apnea*. La Rioja: Ediciones del 4 de agosto

Moreno, Lara (2013). Entrevista a Lara Moreno, autora de *Por si se va la luz*. Periodista *digital*. Accesible en: https://www.youtube.com/watch?v=3aECnJlmazI

Moreno, Lara (2013). *Por si se va la luz*. Barcelona: Lumen

Moreno, Lara (2016). *Piel de lobo*. Barcelona: Lumen

Moreno, Lara (2019). *Tuve una jaula*. Madrid: La Bella Varsovia

Moreno, Lara (2020). *Tempestad en víspera de viernes*: Barcelona: Lumen

Moreno, Lara (2022). *La ciudad*. Barcelona: Lumen

Murphy, Patrick D. (2000). *Further Afield in the Study of Nature-Oriented Literature*. Charlottesville: University Press of Virginia.

Niebla, Rocío (2021). "*Feria*, el libro de la discordia: ¿autoficción neofascista o reivindicación de lo comunitario?". *El Diario*. Accesible en: https://www.eldiario.es/cultura/libros/feria-libro-discordia-autoficcion-neofascista-reivindicacion-comunitario_1_7969825.html

Parreño, José María y Marrero, José Manuel (2018). "Presentación. La cultura del Antropoceno". José Abelda, José María Parreño y J. M. Marrero (eds.). *Humanidades ambientales. Pensamiento, arte y relatos para el siglo de la gran prueba* (7–14). Madrid: Catarata.

Pérez-Cano, Tania (2013). *Ecopoéticas transatlánticas: del texto a la acción social*. Tesis de doctorado. Iowa: University of Iowa.

Phillips, Dana (2003). *The Truth of Ecology: Nature, Culture, and Literature in America*. New York: Oxford University Press.

Plumwood, Val (1993). *Feminism and the Mastery of Nature*. London: Routledge.

Puleo, Alicia H. (2021). *Ecofeminismo para otro mundo posible*. Madrid: Cátedra.

Ratier, Hugo (2002). "Rural, ruralidad, nueva ruralidad y contraurbanización. Un estado de la cuestión". *Revista de Ciencias Humanas*, 31, 9–29.

Riechmann, Jorge (2018). "Una nueva estética para una edad solar". Albelda, José; Parreño, José María y Marrero, José Manuel (eds.). *Humanidades Ambientales. Pensamiento, arte y relatos para el Siglo de la Gran Prueba*, 34–51. Madrid: Ediciones Catarata.

Robertson, Roland (1995). "Glocalization: Time-Space and Homogeneity-Heterogeneity". Mike Featherstone, Scott Lash y Roland Robertson (eds.). *Global Modernities* (25–45). London: Sage.

Romero, Juan Manuel (2023a). "El porque sí rotundo de la vida. *La bestia ideal*, Erika Martínez". *Infolibre*. Recuperado de: https://www.infolibre.es/cultura/los-diablos-azules/si-rotundo-vida_1_1422798.html

Romero, Luci (2023b). *El arte de contar la naturaleza*. València: Barlin Libros.

Sánchez, María (2017). *Cuaderno de campo*. Madrid: La Bella Varsovia.

Sánchez, María (2019). *Tierra de mujeres. Una mirada íntima y familiar al mundo rural*. Barcelona: Seix Barral.

Sánchez, María (2020). *Almáciga. Un vivero a nuestro medio rural*. Barcelona: Geoplaneta.

Sánchez, María (2024). *Fuego la sed*. Madrid: La Bella Varsovia.

Segura, Xavi (2022). *De lo urbano y lo rural*. https://caixaforumplus.org/c/de-lo-urbano-y-lo-rural

Showalter, Elaine (ed.) (1985). *The New Feminist Criticism: Essays on Women, Literature, and Theory*. New York: Pantheon.

Sigüenza, Carmen y Bazán, Cristina (2021). "Ana Iris Simón: Con «Feria» no he tratado de ser disruptiva y eso es parte de su éxito". *Efeminista*. Recuperado de Ana Iris Simón: Con "Feria" no he tratado de ser disruptiva (efeminista.com)

Simón, Ana Iris (2020). *Feria*. Madrid: Círculo de Tiza.

Simón, Ana Iris (2023). *¿Y si fuera feria cada día?* Barcelona: Lumen.

Solà, Irene (2012). *Bèstia*. Barcelona: Galerada.

Solà, Irene (2019). *Canto jo i la muntanya balla*. Barcelona: Anagrama.

Solà, Irene (2019). *Canto yo y la montaña baila*. Barcelona: Anagrama.

Solà, Irene (2021). *Els dics*. Barcelona: L'Altra editorial.

Solà, Irene (2021). *Los diques*. Buenos Aires: Alto Pogo.

Solà, Irene (2022). *Bestia*. Barcelona: La Bella Varsovia.

Solà, Irene (2023). *Et vaig donar ulls i vas mirar les tenebres*. Barcelona: Anagrama.

Solà, Irene (2023). *Te di ojos y miraste las tinieblas*. Barcelona: Anagrama.

Sze, Julie (2002). "From Enviromental Justice to the Literature of Enviromental Justice". Joni Adamson, Mei Mei Evans y Rachel Stein (eds.). *The Enviromental Justice Reader: Politics, Poetics and Pedagogy* (163–180). Tucson: University of Arizona Press (Edición digital).

Tapia, Javiera (2022). "¿Quién narrará el fin del mundo? Una entrevista con Fernanda Trías". *Coolt*. Accesible en: https://www.coolt.com/libros/fernanda-trias-quien-narrara-fin-mundo_658_102.html

Trexler, Adam (2015). *Anthropocene Fictions: The Novel in a Time of Climate Change*. Charlottesville: University of Virginia Press. (Edición digital)

Trías, Fernanda (2001). *La azotea*. Edimburgo: Charco Press.

Trías, Fernanda (2002). *Cuaderno para un solo ojo*. Montevideo: Cauce Editorial.

Trías, Fernanda (2012). *El regreso*. Maldonado: Trópico Sur Editorial.

Trías, Fernanda (2014). *La ciudad invencible*. Madrid: Demipage.

Trías, Fernanda (2016). *No soñarás flores*. Madrid: Tránsito.

Trías, Fernanda (2020). *Mugre rosa*. Madrid: Penguin Random House.

Tuan, Yi-Fu (2007). *Topofilia: Un estudio de las percepciones, actitudes y valores sobre el entorno*. Barcelona: Melusina.

Vakoch, Douglas A. (ed.) (2012). *Feminist Ecocriticism, Environment, Women, and Literature*. New York: Lexington Books.

Vargas, Lina (2021). "Mugre rosa: una novela sobre otra enfermedad que avanza con el tiempo". *Gatopardo*. Accesible en: https://gatopardo.com/perfil/mugre-rosa-fernanda-trias-novela-epidemia/

Vázquez, Miguel Ángel (2022). *Naturaleza poética. Antología de ecopoesía y poemas de naturaleza*. Madrid: La Imprenta.

Viéitez, Adrián (2019). "Doblar el tiempo, volver a quererte". *Zenda*. Accesible en: https://www.zendalibros.com/doblar-el-tiempo-volver-a-quererte/

Viéitez, Adrián (2021). "Entrevistas. Irene Solà: "En la vida las cosas no están ordenadas, no tienen un sentido ni esconden una metáfora". *Zenda*. Accesible en: https://www.zendalibros.com/irene-sola-en-la-vida-las-cosas-no-estan-ordenadas-no-tienen-sentido-ni-esconden-metafora/

Warren, Karen J. (1996). *Ecological Feminist Philosophies*. Bloomington and Indianapolis: Indiana University Press.

White, Steven F. (2002). *El mundo más que humano en la poesía de Pablo Antonio Cuadro. Un estudio ecocrítico*. Managua: Asociación Pablo Antonio Cuadra.

White, Steven F. (2009). "Los poemas etnobotánicos de Esthela Calderón: un enfoque ecocrítico". *Anales de Literatura Hispanoamericana*, 38, 95–110.

White, Steven F. (ed.) (2014). *El consumo de los que somos: muestra de poesía ecológica hispánica contemporánea*. Madrid: Amagord ediciones.

White, Steven F. y Calderón, Esthela (2008). *Culture and Customs in Nicaragua*. London: Greenwood.

Títulos de la colección publicados

Vol. 1 – Ángel Esteban (ed.), *Literatura Latinoamericano y otras artes en el siglo XXI*, 2020.

Vol. 2 – Yannelys Aparicio, *Cuba: memoria, nación e imagen. Siete acercamientos al séptimo arte desde la literatura*, 2021.

Vol. 3 – Lidia Morales Benito, *La Habana textual: 'Patafísica y OuLiPo en la obra de Guillermo Cabrera Infante*, 2022.

Vol. 4 – Yannelys Aparicio, Juana María González García, Mujer, *literatura y otras artes para el siglo XXI en el mundo hispánico*, 2022.

Vol. 5 – Margarita Remón Varela, *Territorios de la ciencia ficción mexicana (1984-2012), Por una poética y una política de lo insólito literario*, 2022.

Vol. 6 – Ángel Esteban, *Formas del fin del mundo: crisis, ecología y distopías en la literatura y la cultura latinoamericanas*, 2023.

Vol. 7 – Julie Amiot-Guillouet, Gustavo Guerrero & Françoise Moulin Civil (eds.), *Dinámicas transnacionales de la diversidad cultural: cine y literatura entre Francia y América latina desde finales del siglo*, XX, 2024.

Vol. 8 – Yannelys Aparicio y Juana María González (eds.), *Modelos femeninos en la literatura y el cine del mundo hispánico*, 2024.

Vol. 9 – Ilinca Ilian / Maja Šabec (eds.), *Pablo Neruda en el espejo del socialismo*, 2024.

Vol. 10 – Juana María González García, *Literatura ecológica contemporánea en español escrita por mujeres, una visión panorámica*, 2024.

www.ingramcontent.com/pod-product-compliance
Lightning Source LLC
Chambersburg PA
CBHW020128010526

44115CB00008B/1033